DE L'URÉE

Tb 25/9

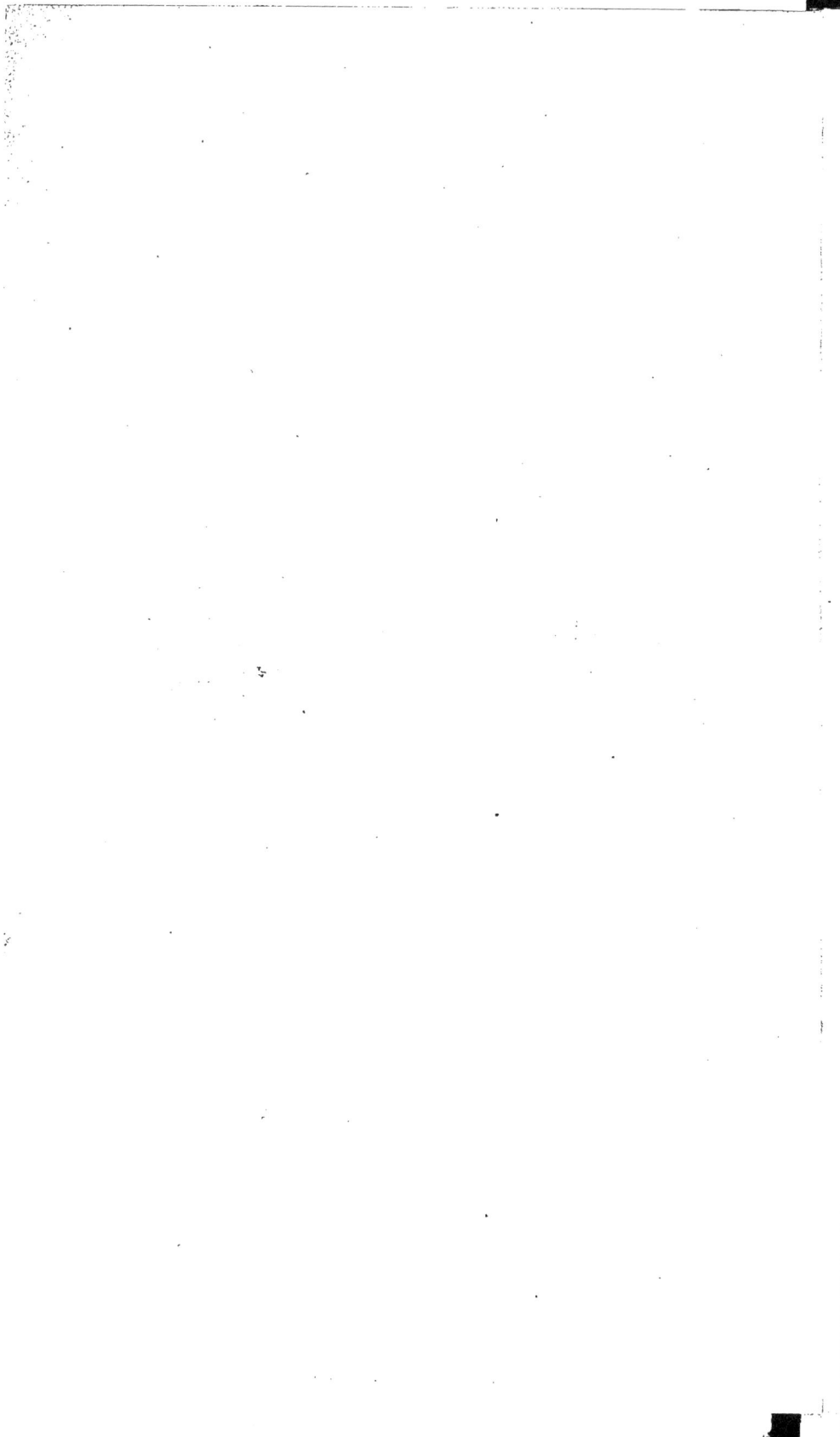

DE L'URÉE

PHYSIOLOGIE — CHIMIE — DOSAGE

PAR

Marc BOYMOND,

PHARMACIEN.

6111

AVEC 2 FIGURES DANS LE TEXTE.

PARIS

LIBRAIRIE J.-B. BAILLIÈRE et FILS,

19, Rue Hautefeuille, près le boulevard Saint-Germain.

1872

INTRODUCTION

Parmi toutes les substances que l'homme peut retirer de l'organisme animal, l'urée est celle dont les propriétés physiologiques et chimiques sont les mieux connues.

Au point de vue physiologique, elle représente un produit très-important ; c'est en urée que les éléments inutiles du sang se transforment pour être rejetés en dehors de la circulation. Ses variations à l'état normal et pathologique dans les liquides de l'économie ont été l'objet de nombreux travaux.

Longtemps, on a nié la formation de l'urée par l'oxydation des matières albuminoïdes, et de là une partie importante de sa genèse par le travail qu'accomplit l'organisme animal ; mais les expériences de M. Béchamp et celles, plus récentes, de M. Ritter, ont éclairé ce point important de la chimie physiologique.

C'est grâce à sa nature cristalline qu'elle peut passer facilement du sang dans les reins et de là être expulsée de l'organisme comme produit excrémentitiel.

De tout temps, on a examiné les urines ; on s'est attaché à des caractères physiques, empiriques même, pour éclairer le diagnostic de certaines maladies. Mais, depuis le jour où Rouelle en a retiré ce produit, tout le monde y a vu un corps important à connaître. On a étudié les variations de la quantité d'urée dans les maladies ; les résultats auxquels on est parvenu donnent chaque jour des renseignements précieux à la clinique. Elles ont été aussi étudiées dans leurs relations avec l'activité corporelle ou cérébrale. M. Byasson a pu conclure de ses recherches que l'urée est éliminée en plus grande quantité pendant la période active d'un système quelconque.

Au point de vue chimique, l'urée est d'une importance capitale : c'est le premier corps extrait de l'organisme vivant que l'homme soit parvenu à reproduire de toutes pièces. Elle a ouvert la voie à la synthèse chimique, cette branche de la science qui permettra un jour de reproduire les principes que la nature élabore. Elle a encore une utilité quand elle retourne en ses éléments; elle donne aux plantes leurs aliments principaux.

La chimie, venant toujours en aide au physiologiste et au clinicien, leur cherche des procédés de dosage. Il en existe de nombreux, il est vrai, mais tous entraînent avec eux des causes d'erreur ou des empêchements provenant de diverses causes.

Je propose, à mon tour, non une nouvelle méthode, mais une modification importante à un procédé ancien, modification simple qui, je crois, permettra de doser, avec facilité et exactitude, un corps si important.

Ce travail se divisera de la manière suivante :

I. Etude de l'urée au point de vue physiologique;

II. Etude de l'urée au point de vue chimique;

III. Etude de l'urée dans les différents liquides de l'organisme.

IV. Dosage de l'urée;

V. Procédé de dosage proposé.

Qu'il me soit permis, avant de commencer cette étude, de remercier M. Baudrimont, professeur à l'Ecole supérieure de Pharmacie de Paris; M. Dorvault, directeur fondateur de la Pharmacie centrale de France, MM. Fleury et Roussin, professeurs au Val-de-Grâce, M. Gréhant, aide-naturaliste au Muséum, M. F. Würtz, directeur du laboratoire d'analyses de la Pharmacie centrale, pour les conseils qu'ils m'ont donnés et les facilités qu'ils m'ont accordées.

DE L'URÉE

CHAPITRE I.

DE L'URÉE AU POINT DE VUE PHYSIOLOGIQUE.

Synonymie. — Urée, *urea*, dérive du grec ουρον, urine. Matière extractive savonneuse, matière extractive huileuse, matière extractive animale de l'urine, substance urinaire ou urée, néphrine, oxyde urénique ammoniacal, cyanate anomal d'ammoniaque. All. : Harnstoff ou Urinstoff; angl., ital. : urea.

Historique — L'urée est un principe immédiat qui existe surtout dans le sang et l'urine de l'homme et des animaux.

La découverte de l'urée remonte à l'époque ou la chimie allait compter parmi les sciences exactes. Son existence, entrevue par Boerhaave et Haller, a été longtemps la cause de certaines confusions. L'honneur de cette découverte est attribué à H.-M. Rouelle le jeune (1771), qui appela l'urée matière savonneuse de l'urine, *extractum saponaceum urinæ*. Selon Fourcroy. Scheele l'aurait reconnue en 1775 dans ce qu'il appelait substance extractive huileuse. Ces dénomi-

nations prouvent assez dans quel état d'impureté l'urée
était obtenue. En 1798, Cruikshank l'obtint en cristaux, et
John Rollo en constata la présence dans le diabète insipide.
En 1799, Fourcroy et Vauquelin parvinrent à l'obtenir pure,
constatèrent ses propriétés les plus saillantes et lui donnèrent son nom. Les recherches de Proust (1803), Schultens
et Hildebrandt confirmèrent celles de ces deux savants. Depuis lors, après l'avoir constatée chez l'homme, on en trouva
chez les animaux, et dans un grand nombre de sécrétions
physiologiques et pathologiques MM. Prévost et Dumas,
dans de célèbres expériences faites à Genève en 1823, mon-
trèrent que l'urée n'est pas formée dans les reins, comme
le croyaient Dupuytren et Thénard; car, après l'extirpation
de ces organes, ils en retrouvèrent dans le sang, et de même
après eux, Vauquelin, Ségalas, Tiedemann, Gmelin, Mitscherlich.

Peu de substances ont eu le privilége d'attirer l'attention
des chimistes et des médecins comme l'urée. Son histoire
est intimement liée à celle de l'urine. En France, depuis
Rouelle, elle a été l'objet des recherches de Fourcroy et
Vauquelin, de Proust, Marcet, Dupuytren, Thénard, Nysten,
Braconnot, Dumas, Chevreul, Donné, Cap, Henry, Lecanu,
Rayer, Quevenne, Chevallier, Millon, Cl. Bernard, Andral,
Würtz, etc; en Suède, de Scheele et Berzélius; en Alle-
magne, de Wœhler, Liebig, Marchand, Rose, Brandes, Lehmann, Heintz, Bunsen, Bischoff, Voit, Pettenkofer, etc.; en
Suisse, de Haller, Chossat, Prévost, Morin; en Angleterre,
de Christison, Gregory, Prout, Bostock, Mac Gregor, O.
Rees, Davy, Bence Jones, Thudichum, Parkes, Golding Bird,
Lionel Beale, etc.; en Italie, de Mojon et Cantu. Bien d'autres savants ont écrit sur ce sujet, et l'énumération en serait longue et fastidieuse. Robin et Verdeil ont donné l'historique de l'urée et l'analyse des plus importants mémoires
publiés au point de vue médical.

C'est Wœhler qui, le premier en 1828, obtint l'urée arti.

ficiellement par une synthèse remarquable, au moyen du cyanate d'ammoniaque.

Formation physiologique de l'urée. — La plupart des anciens physiologistes, Richerand entre autres, pensaient que l'urée se formait directement dans les reins. En 1823, Prévost et Dumas, ayant pratiqué sur un chien la néphrotomie ou l'ablation des reins, reconnurent d'une manière indubitable l'accumulation de l'urée dans le sang. Depuis leurs célèbres travaux, on admet généralement que l'urée ne se forme pas dans les reins, mais dans le sang, et cela par un phénomène d'oxydation qui s'effectue dans les capillaires.

Les reins sont des organes éliminateurs de l'urée, analogues à la peau qui excrète la sueur, mais incapables par eux-mêmes de créer l'urée aux dépens des éléments du sang; ils agissent comme un filtre apte à séparer cette substance toute formée et à la faire passer dans l'urine.

Il existe sur la formation de l'urée des opinions diverses, et de nombreuses recherches ont été faites à ce sujet.

M. Brochet, n'admettant pas la présence de l'urée dans le sang, la croit formée de toutes pièces dans les reins, et, à l'opinion contraire de Prévost, Dumas, Chirac, Vauquelin, Mitscherlich, Gmelin, Müller, etc., il oppose diverses considérations, entre autres celle que l'urée a pu prendre naissance dans les travaux du laboratoire, par des réactions chimiques, au détriment des principes renfermés dans le sang.

MM. Claude Bernard et Barreswill ont répété les expériences de Prévost et Dumas, et ont reconnu la présence certaine de l'urée dans le sang, trois jours après l'ablation des reins. M. Claude Bernard a vu de plus que, dans l'estomac, il s'accumulait une grande quantité de liquides renfermant, non point de l'urée, mais des sels ammoniacaux.

M. Picard chercha à démontrer par de nouvelles preuves

Boymond.   2 que le rein n'est qu'un organe éliminateur de l'urée ; pour cela il était nécessaire :

1° De démontrer la préexistence de l'urée dans le sang normal et d'en doser les quantités ;

2° De prouver que le sang de la veine rénale renferme moins d'urée que celui de l'artère ;

3° De faire voir que l'urée s'accumule dans le sang quand le rein est malade ;

4° De rechercher l'urée dans les différents liquides sécrétés, qui doivent renfermer des traces de cette substance, si elle existe dans le sang normal.

Les nombreuses expériences de M. Picard ont répondu affirmativement à toutes ces questions. De leur ensemble, il a été conduit à confirmer les résultats obtenus par Prévost et Dumas, et à conclure qu'il y a élimination pure et simple, par les reins, de l'urée contenue dans le sang.

Oppler a trouvé que l'urée et la créatine augmentent dans le sang, après la néphrotomie. mais moins cependant qu'après la ligature des uretères ; et comme cette dernière opération ne paraît pas arrêter la fonction des reins, il conclut de ses recherches que l'urée n'arrive pas aux reins complétement préformée, mais qu'elle se produit aussi en partie par ces organes.

Perls, qui expérimenta sur des lapins, ne put constater d'augmentation d'urée chez ces animaux soumis à la néphrotomie ; mais il trouva une grande accumulation d'urée chez des lapins dont les uretères avaient été liés ; les analyses ne furent point faites sur le sang, à cause de la petitesse des animaux, mais sur les muscles.

Zaleski a publié, en 1865, un travail important sur la fonction des reins. D'après lui, « la quantité de l'urée était à peu près la même dans le sang des chiens sains ou néphrotomisés ; ainsi, l'ablation des reins n'exerce aucune influence essentielle sur l'augmentation de l'urée. » Les causes pour lesquelles Prévost, Dumas et plusieurs autres expérimentateurs ont trouvé beaucoup d'urée, ne lui paraissent pas bien explicables. La conclusion générale de ses recherches est celle-ci : « Les reins sont des organes sécréteurs actifs qui produisent dans leur tissu de l'urée et de l'acide urique. »

Des recherches comparatives sur la ligature des uretères et sur la néphrotomie furent reprises par Meissner, qui reconnut que chez les lapins et chez les chiens, l'urée est fortement accrue dans le sang après ces deux opérations. L'augmentation de la quantité d'urée après la néphrotomie et la ligature des uretères est si importante, dit Meissner, qu'on l'apprécie à la vue, et qu'il n'est pas nécessaire de faire des pesées. Cet auteur défend donc l'ancienne opinion de l'excrétion de l'urée par les reins.

MM. Poiseuille et Gobley trouvant dans le sang des quantités importantes d'urée, mais variables dans le même individu, selon l'organe dont il provient, pensent que l'urée n'est pas un corps excrémentitiel, et que les reins sont seulement des organes pondérateurs. Ils ont vu que, dans certains cas, le sang contient moins d'urée à la sortie d'un organe qu'à son entrée.

Pour M. Würtz, la présence de l'urée dans le chyle, dans la lymphe, dans l'amnios, dans les dernières ramifications, est une preuve que la transformation en urée des matières impropres à la vie, n'a pas lieu dans le système capillaire, mais dans l'intimité des tissus.

Tel était l'état de la question, et les avis des physiologistes étaient encore partagés, quand M. Gréhant entreprit une série d'expériences, afin de tâcher d'établir définitivement si l'urée se forme dans les reins ou si elle est simplement excrétée par ces organes.

L'accumulation de l'urée dans le sang, le deuxième et le troisième jour après l'ablation des reins, ayant été démontrée d'une manière irréfutable par les expériences de Prévost et Dumas, et par celles de MM. Claude Bernard et Barreswill, M. Gréhant n'a pas cru nécessaire de répéter ces expériences, et il s'est attaché uniquement à rechercher l'urée dans le sang dès les premières heures qui suivent la néphrotomie. Il a vu que l'urée s'accumule dans le sang aussitôt après la néphrotomie, et que cette accumulation se fait d'une manière continue et proportionnellement au temps, et que par conséquent l'urée se forme dans l'organisme, sans aucune interruption, quel que soit l'état de faiblesse des animaux mis en expérience.

D'après ses expériences, le poids d'urée qui s'accumule dans le sang après la néphrotomie est égal à celui que les reins auraient excrété dans le même temps ; on trouve que toute l'urée formée par l'animal sain et qui aurait été excrétée par lui se trouve accumulée dans le sang de l'animal privé de reins ; donc ces organes ne prennent aucune part à la formation de l'urée et l'excrètent simplement. La néphrotomie seule permet ainsi de juger la question de la fonction des reins.

La ligature des uretères, suivant l'opinion de M. Zaleski, permettrait aux reins de remplir une fonction active ; en effet, il semble au premier abord que cette opération ne puisse pas empêcher la circulation du sang dans les reins, et l'accumulation de l'urée dans le sang résulterait alors de la formation incessante de cette substance dans le tissu du rein ; l'impossibilité de l'élimination de l'urine forcerait l'urée à rester ou à passer dans le sang ; il résulterait de cette théorie que, consécutivement à la ligature des uretères, le sang veineux rénal devrait contenir plus d'urée que le sang artériel. Les expérimentateurs ont toujours trouvé l'urée accumulée dans le sang après la ligature des uretères, et M. Gréhant a dû s'attacher à rechercher si cette opération diffère, en réalité, de la néphrotomie. Ses expériences lui ont démontré que, consécutivement à la ligature des uretères, la circulation s'arrête dans le rein, et que le sang qui sort de cet organe contient exactement la même quantité d'urée que celui qui y est entré ; le rein est donc devenu un appareil inerte. De toutes ses recherches, M. Gréhant conclut :

1° Que la ligature des urctères et l'ablation des reins sont deux opérations identiques quant aux résultats, que toutes deux suppriment la fonction éliminatoire des reins ;

2° Que l'urée ne se forme point dans ces organes, mais dans d'autres parties de l'organisme.

Formation chimico-physiologique de l'urée. — Toutes les matières azotées se transforment dans le sang à l'état d'albumine, et concourent ainsi à la formation des globules sanguins, où prend naissance la fibrine qui, suivant certains physiologistes, Scherer entre autres, est le premier degré de l'oxydation de l'albumine. Les tissus émanés de la fibrine diffèrent de celle-ci par une oxydation plus avancée. La musculine, l'osséine, la chondrine, l'élasticine, la névrine, procèdent de la fibrine, soit par une fixation d'azote et d'hydrogène dans les proportions de l'ammoniaque, soit par une fixation d'oxygène et d'hydrogène dans les proportions de l'eau. Enfin, tous ces tissus sont le théâtre de transformations chimiques et passent par une succession de produits intermédiaires (créatine, créatinine, etc.), qui rentrent dans le sang, où ils constituent ce qu'on appelle les matières extractives. Alors, le phénomène d'oxydation se continue et finit par donner de l'acide urique et de l'urée.

Depuis les expériences de Prévost et Dumas, qui ont établi que, par rapport à l'urée, le rein ne jouait que le rôle d'organe excréteur, on admet généralement que ce principe immédiat résulte de l'oxydation des matières azotées complexes du corps des animaux, et que cette oxydation s'effectue dans les capillaires. Ainsi, l'urée ne se forme pas dans les reins, mais dans le sang, et cela par un phénomène d'oxydation. L'oxygène absorbé par la respiration, en présence des alcalis libres, transforme en urée l'excès des matières azotées introduites dans ce liquide. Elle forme ainsi le dernier terme de l'oxydation de ces substances dans l'économie.

On produit artificiellement de l'urée par l'oxydation de l'acide urique, de la créatine, de la créatinine, de la xanthine, de l'hypoxanthine, de l'allantoïne, de la guanine, de la théine, de la glycine, de la taurine, de l'albumine. Ce phénomène se reproduit dans l'économie, et l'on constate une augmentation rapide de l'urée dans l'urine, après l'ingestion de ces substances.

Elle semble se former en grande partie aux dépens de l'acide urique; ce fait résulte des observations de Wœhler, Frerichs, Neubauer et Zabelin, qui introduisirent de l'acide urique dans le sang et virent ensuite augmenter la proportion d'urée dans l'urine. D'après ces deux derniers chimistes, il n'y a pas, dans cette réaction, formation d'oxalates et d'allantoïne, que l'on ne retrouve pas dans l'urine.

Après l'acide urique, les substances qui paraissent le plus concourir à la formation de l'urée, sont la créatine et la créatinine.

En outre, la plus grande partie des matières albuminoïdes traverse une série de transformations en vertu desquelles elles passent de l'état organique à l'état cristallisable, et c'est sous cette forme qu'elles sont rejetées au dehors par la voie des reins.

M. Béchamp, par de nombreux efforts, a tenté de réaliser artificiellement la transformation des matières albuminoïdes en urée, opération délicate, qui a rencontré plusieurs contradicteurs et qui vient d'être résolue dans ces derniers temps par M. Ritter, dans les conditions énoncées par M. Béchamp.

M. Bouchardat, qui a étudié la formation de l'urée à l'état pathologique, pense que les matières protéiques sont moins aptes à être transformées dans l'économie que la glycose et plusieurs matériaux de la bile, et il croit que la produc de l'urée ne résulte point de l'oxydation, mais du dédoublement des principes immédiats azotés.

D'après M. Robin, l'urée n'est pas un résidu des matériaux fournis par la digestion, qui n'auraient pas été complétement assimilés. L'absence de notions justes sur la nature des actes de l'organisme, la confusion entre les propriétés des éléments, celles des tissus et les fonctions, auraient conduit à une hypothèse erronée sur la production de l'urée. Selon M. Robin, les chimistes auraient pris à tort l'urée comme un produit de combustion qui serait opérée par la fonction de respiration, et il la considère comme provenant de la désassimilation des éléments anatomiques eux-mêmes et se formant d'une manière constante et régulière; car, ajoute-t-il, elle continue à être expulsée pendant les maladies, les jeûnes prolongés, et lorsque la nourriture est exclusivement composée de substances qui ne renferment pas de traces d'azote. Lassaigne, en effet, l'a retrouvée dans l'urine d'un aliéné, mort après dix-huit jours d'une abstinence absolue.

M. Robin pense que l'urée joue surtout le rôle de principe excrémentitiel, et que ce n'est guère qu'à ce titre qu'elle concourt à la constitution du sang. Il est probable que dans les autres liquides de l'économie, elle ne remplit qu'un rôle très-accessoire, mais encore indéterminé.

L'urée est, de toutes les substances animales, celle qui renferme le plus d'azote. Introduite dans la circulation générale, elle passe sans s'oxyder à travers l'économie et se retrouve intacte dans l'urine; c'est donc un terme assez stable dans les conditions que réalise l'organisme. Cependant, M. Bence Jones a annoncé que, par l'ingestion de fortes doses d'urée et de sels ammoniacaux, ces produits, en passant à travers le corps, sont en partie convertis en acide azotique, dont il assure avoir démontré la présence dans l'urine.

Etat naturel. — L'urée manque complétement dans le

règne végétal; elle se trouve principalement dans l'urine de l'homme et des animaux carnivores et herbivores : chien, lion, tigre, panthère, hyène, cheval, âne, chameau, vache, porc, castor, éléphant, rhinocéros (Fourcroy, Vauquelin, Brandes, Chevreul, Lassaigne, Hieronymi, Hatchett, Vogel, Lehmann). On admit pendant longtemps que les urines diabétiques renfermaient peu ou pas d'urée, mais sa présence a été mise hors de doute par les recherches de Prout, Chevreul, Barruel, Bouchardat, Mac-Gregor, Kane, Reich et Fonberg.

Les oiseaux et les poissons, n'ayant pas d'appareil particulier pour l'excrétion urinaire, on retrouve l'urée dans leurs excréments (Fourcroy, Vauquelin, Cap et Henry, Popp).

L'urine des batraciens, grenouille et crapaud, ne renferme que des traces d'urée. On en a trouvé dans l'urine de tortue et de lézard. Celle des serpents est presque solide et se compose en partie d'acide urique (Marchand, Davy, Duvernoy, Persoz, Schiff).

L'urée se trouve aussi :

Dans le sang normal (Strahl, Lieberkühn, Lehmann, Verdeil, Dollfuss, Simon, Meissner, Picard);

Dans le sang après la néphrotomie ou extirpation des reins (Prévost et Dumas, Tiedemann, Gmelin, Vauquelin, Ségalas, Marchand);

Dans le sang placentaire (Stass, Schmidt, O'Saughnessy);

Dans le sang des cholériques (Reiny);

Dans le sang des albuminuriques (Simon, Christison, Rees, Frerichs);

Dans le sang, pendant la néphrite aiguë (Fonberg);

Dans la sueur, où Fourcroy et Thénard l'avaient entrevue et dont elle a été retirée ensuite par Landerer, Favre, Picard, Schottin. La quantité d'urée est quelquefois si abondante dans la sueur qu'on la trouve cristallisée à la surface de la peau (Drasche, Treitz, Hirschprung);

Dans le chyle et la lymphe de plusieurs animaux domestiques : vache, cheval, chien, mouton (Würtz);

Dans la salive (Pettenkofer);

Dans l'humeur vitrée et l'humeur aqueuse de l'œil (Millon, Woehler, Marchand), où Lohmeyer l'y a vainement cherchée);

Dans la bile et les concrétions biliaires (Popp);

Dans le lait (Bouchardat, Quévenne, Lefort);

Dans le liquide des ventricules cérébraux, le liquide céphalo-rachidien (Schlossberger);

Dans le cerveau du chien (Staedeler);

Dans la tunique vaginale;

Dans le liquide amniotique (Rees, Woehler, J. Regnault);

Dans le liquide allantoïdien (Scherer n'a pu en trouver dans l'eau de l'amnios d'un fœtus de huit mois et d'un enfant venu à terme);

Dans la chair musculaire et les organes d'un grand nombre de poissons cartilagineux (plagiostomes), la raie bouclée et la raie blanche, *raja clavata* et *raja batis*, *spinax adanthias*; la grande roussette, *scyllium canicula*; dans l'organe électrique de la torpille, *torpedo occellata* et *marmorata* (Frerichs, Staedeler, Schultze); ce caractère paraît appartenir à tous les plagiostomes, mais il ne s'étend pas aux autres poissons gélatineux; ainsi l'esturgeon ordinaire, *acipenser sturio*, la lamproie, *petromizon fluvia*, n'ont fourni aucune trace d'urée.

Dans les liquides alcalins retirés des glandes cutanées du *bufo cinerœus*.

Dans l'hyraceum du Cap (2,17 pour 100);

Dans le limaçon et d'autres hélix (Mylius);

Dans les poumons de l'homme à l'état pathologique (Neukomm);

Dans les épanchements séreux de la plèvre;

Dans la sérosité péritonéale de quelques hydropiques et albuminuriques (Nysten, Marchand, Simon, Barruel, Vogel);

Dans les exsudats hydropiques ;

Dans les kystes séreux du rein (Gallois);

Dans les vomissements des individus atteints de rétention d'urine, d'urémie (Nysten).

L'urée n'a pas été signalée dans le liquide musculaire de l'homme, riche cependant en substances qui donnent de l'urée par de faciles transformations.

Lorsque l'élimination de l'urée par les reins est empêchée ou annihilée par la néphrotomie, on la retrouve dans presque tous les liquides animaux : sang, sueur, bile, salive, lait, pus, vomissements ; on peut alors constater sa présence dans le suc des muscles.

QUANTITÉS ET VARIATIONS DE L'URÉE DANS L'ÉCONOMIE.

Variations à l'état physiologique, dans l'urine, sous diverses influences. — On sait combien sont différentes les analyses que beaucoup de chimistes ont faites avec l'urine. M. Cl. Bernard attribue ces divergences à ce qu'on a négligé d'examiner les conditions physiologiques dans lesquelles étaient placés les animaux. Il a montré que toutes les variétés d'urine, si nombreuses chez l'homme et les animaux à l'état physiologique, dépendaient exclusivement de la nourriture, qu'en dehors de l'alimentation, c'est-à-dire durant l'abstinence, l'urine offre les mêmes caractères chez tous les animaux et que dans ces conditions, les urines étaient toutes acides, limpides, d'un jaune ambré.

Chez les herbivores, l'acide hippurique et les carbonates disparaissent de l'urine et l'urée se montre en forte proportion. Chez les carnivores, l'acide urique disparaît également dans l'abstinence et l'urée seule persiste. On voit de cette manière que tous les animaux privés d'aliments et vivant de leur propre substance, deviennent carnivores. L'urée est alors le seul principe de l'urine qui corresponde à cette nourriture que M. Cl. Bernard appelle normale, parce que, selon lui, l'urine qui en résulte doit servir de type et de point de départ à toutes les recherches qu'on fera dans le but de comprendre les variations que peut offrir l'excrétion urinaire sous l'inflence de la digestion.

M. Cl. Bernard conclut de ces faits que, dans l'analyse des liquides animaux, la question physiologique doit dominer la question chimique.

Frerichs confirme les assertions du savant physiologiste et les résume ainsi : La transformation propre des matériaux du corps est la même chez les herbivores et les carnivores.

L'urée étant le plus important et le plus abondant des principes excrémentitiels de l'urine, il est donc du plus haut intérêt pratique de l'étudier avec soin. Les indications que l'urée peut fournir au clinicien sont basées sur le fait suivant : La quantité d'urée produite constitue une mesure approximative pour l'activité de la métamorphose des substances protéiques. Tout ce qui donne à cette transformation une activité plus grande augmente la production de l'urée et *vice versà*.

Il existe une relation tellement intime entre la composition du sang et celle du liquide de la secrétion rénale, que toutes les fois que l'on parvient à saisir quelques modifications dans le premier, il est naturel d'en chercher dans second.

La proportion d'urée excrétée pendant un temps déterminé est à peu près l'équivalent de la quantité de matières azotées désassimilées pendant le même temps.

Pettenkofer et Voit ont montré qu'en effet, la totalité de l'azote des aliments ingérés se retrouve dans l'urine et les excréments et tout l'azote inspiré dans les produits de la respiration.

Haughton a cherché à démontrer que certains chiffres dans l'urée correspondent au travail vital, mécanique et intellectuel effectués dans l'organisme.

M. Byasson a étudié, dans une thèse remarquable, la relation qui existe à l'état physiologique entre l'activité céré-brale et la composition des urines. Il a acquis la certitude que la production de la pensée s'accompagne d'une dépense organique, se traduisant par une augmentation de l'urée. Après s'être assuré de l'exactitude des méthodes analytiques dont il s'est servi, il cite les résultats des nombreuses ana-lyses qu'il a faites.

La dépense organique produite par le travail cérébral a été mise hors de doute par les travaux de Hugo Schiff. M. E.-R. Noyes a aussi étudié l'influence que le sommeil et l'activité cérébrale exercent sur l'excrétion de l'urée.

Lehmann et Frerichs ont montré que l'exercice muscu-laire, augmente la proportion d'urée, abstraction faite du régime.

L. Hodges Wood, Hammond, Mosler ont aussi traité ce sujet. Leurs mémoires ainsi que ceux de MM. Byasson et Noyes ont été analysés par M. A. Naquet. (Voir *Moniteur scientifique*, XII, 1er mai 1870, p. 435).

L'urée est excrétée pendant toute la durée de la vie et on la retrouve chez les sujets soumis à la diète absolue et chez ceux morts d'inanition.

La proportion d'urée varie aux différentes périodes du jour, même lorsque le régime est uniforme ; la quantité d'urée du jour est à celle de la nuit comme 3 à 2. La pro-portion la plus forte correspond à la matinée, puis à l'après-midi. Les quantités les plus faibles correspondent, au contraire, à la dernière partie de la nuit et aux premières heures de la matinée.

M. Lecanu a tiré de ses recherches les conséquences sui vantes :

1° La quantité d'urée contenue dans l'urine peut varier chaque jour sur les urines des 24 heures, lorsqu'on les recueille pendant quelques jours de suite.

2° La quantité d'urée contenue dans l'urine de chacune des différentes mictions n'est pas la même ;

3° La quantité d'urée produite dans des temps égaux par le même individu est la même (lorsque le régime est le même);

4° L'urée est sécrétée en quantités variables pendant des temps égaux par des individus différents.

5° Cette variation est dépendante de l'âge et du sexe de l'individu; la quantité est plus grande chez l'homme que chez la femme, et pour le même sexe, elle est plus grande dans l'âge moyen, et moindre dans l'enfance et dans la vieillesse.

Voici la moyenne des quantités d'urée obtenues par M. Lecanu sur l'urine des 24 heures :

Hommes adultes..........	28 gr.	052
Femmes adultes..........	19	116
Vieillards (84 à 86 ans)....	8	110
Enfants de 8 ans environ...	13	471
Enfants de 4 ans environ...	4	505

Chez les enfants. relativement au poids du corps, la quantité d'urée est plus grande pendant la croissance. La différence due aux sexes est aussi en rapport avec l'activité un peu moins grande chez la femme que chez l'homme et elle se manifeste par quelques grammes d'urée en plus dans l'urine de ce dernier. Beigel a calculé que 1 kilog. d'homme produit 0,35 d'urée, tandis que 1 kilog. de femme en donne seulement 0,25.

D'après mon ami le Dr Quinquaud, la quantité d'urée sécrétée en vingt-quatre heures, dans l'état de grossesse, dépasse de beaucoup la moyenne physiologique; chez les femmes enceintes, l'urée varie de 30 à 38 grammes par jour. Dans les vingt-quatre heures qui suivent l'accouchement, l'urée descend de 20 à 22 grammes. Chez les femmes qui ont eu un mouvement fébrile durant le travail, l'urée est augmentée, elle peut dépasser 38 grammes. Chez les nourrices, la quantité d'urée est faible.

M. Leconte a vu aussi que l'urine des femmes en lactation renferme moins d'urée et plus d'acide urique que les urines normales, ce qui permet à l'acide urique de réduire plus facilement la liqueur cupro-potassique, réaction qui a fait croire bien des fois à la présence du sucre dans les urines.

Le Dr Quinquaud n'a pas fait moins de 280 analyses d'urine chez la femme avant et après l'accouchement et chez les nouveau-nés. Il en a exposé les résultats dans une thèse remarquable (1).

L'urine des nouveau-nés est claire, limpide, à peine colorée, la densité est de 1003 environ à la naissance et de 1006 vers le 10e ou le 15e jour. Il existe de l'urée en petite quantité même à la naissance. Voici quelques chiffres qui montrent l'augmentation graduelle de l'urée :

Le 1er jour de la naissance .. 0,03 à 0,04 centigr.
Le 5e — — 0,12 à 0,15
Le 8e — — 0,20 à 0,28
Le 15e — — 0,30 à 0,40

Le genre et la richesse de l'alimentation exercent une grande influence sur les variations dans la quantité d'urée excrétée. C'est un fait démontré par l'analyse comparative des urines des animaux carnivores et herbivores; la quantité est plus grande chez les premiers que chez les derniers Hieronymi a trouvé la proportion énorme de 130 d'urée pour 1000 gr. dans l'urine des grands carnivores : lion, tigre panthère, etc. Chez ces animaux, l'urée forme plus de la moitié des principes solides de l'urine. Chez les herbivores l'urée est beaucoup moins abondante et elle est remplacée par l'acide hippurique; leur urine est alcaline. L'urine de veaux est acide et contient de l'acide urique et de l'urée dans les mêmes proportions que l'urine de l'homme; elle ne renferme ni l'acide hippurique, ni l'acide benzoïque que l'on retrouve dans l'urine des vaches.

D'après Wœhler et Frerichs, la quantité d'urée qu'élimi

(1) E. Quinquaud. Essai sur le puerpérisme infectieux chez la femme et chez le nouveau-né. Thèse de méd. Paris, 1872. A. Delahaye.

nent les animaux nourris de viande est à celle de ces mêmes animaux, nourris de végétaux, comme 6 est à 1. Dans une alimentation mixte, elle est de 4 à 1. De leurs recherches comparatives, ils ont aussi conclu que la transformation propre des matériaux du corps est la même chez les herbivores et les canivores.

Lehmann a fait des expériences sur lui-même ; par une alimentation purement animale, il a excrété 58 grammes d'urée par jour, et au contraire, avec un régime végétal, cette quantité est tombée au dessous de 15 grammes.

O. V. Franque, en expérimentant sur lui-même, éliminait en 24 heures :

Avec une nourriture animale, de 51 à 92 gr. d'urée.
    id.   mixte,   de 36 à 38
    id.   végétale, de 24 à 28
    id.   non azotée, 16 grammes.

Dans les pays chauds, la quantité d'urée descend souvent au-dessous de 20 grammes en 24 heures pour un homme en bonne santé, et cette quantité paraît s'élever avec la latitude, ou, ce qui revient au même, avec la richesse de l'alimentation, comme dans les pays du Nord. C'est par cette même cause que, chez les grands mangeurs, chez les diabétiques soumis au régime animal, la proportion d'urée éliminée en 24 heures augmente dans des proportions souvent considérables.

L'ingestion d'une grande quantité de boissons aqueuses, en augmentant la quantité d'urine, accroît la proportion d'urée excrétée. L'eau en excès paraîtrait faciliter les réactions qui lui donnent naissance.

L'augmentation de la quantité de chlorure de sodium dans les aliments entraîne aussi une augmentation dans la proportion d'urée. Voit a reconnu que, chez des chiens, en équilibre de nourriture azotée, avec l'addition du sel de cuisine, la proportion d'urée s'élève ainsi que la proportion d'eau dans l'urine.

L'urée diminue après l'emploi des bains simples et minéralisés, ce qui résulte des expériences de Hepp et Willemin.

D'après Bœcker, Hammond et Leven, l'usage du thé amène une diminution de l'urée. Le café exerce une influence analogue, laquelle paraît dépendre, non de la caféine, mais de l'huile empyreumatique qu'il contient, selon J. Lehmann.

L'ingestion de l'alcool diminue la quantité de l'eau et des matériaux solides de l'urine (urée, acide urique, matières extractives, etc.)

Ces substances, le thé, le café et l'alcool, prises en quantités modérées, influent sur la désagrégation des tissus et diminuent la quantité des matières excrémentitielles formées dans cette opération. Si la nourriture devient insuffisante, la perte de poids qui, nécessairement, aurait lieu dans le corps, est diminuée par leur usage; elles peuvent donc être considérées comme utiles, non-seulement parce qu'elles économisent les aliments, mais parce qu'elles diminuent plus ou moins la dépense des tissus albuminoïdes. Il est probable que ces substances agissent directement en arrêtant la destruction des globules sanguins.

Millon a signalé une relation intéressante entre les chiffres de la densité de l'urine et la proportion d'urée, le deuxième et le troisième chiffre après la virgule expriment dans la densité, assez sensiblement, la quantité d'urée que contiennent 1,000 grammes d'urine. C'est une sorte de loi empirique qu'un très-grand nombre de cas lui ont permis de constater. Ce rapport n'appartient qu'à l'urine de l'homme en état de santé ; il disparaît dans celle du chat, du chien, du lapin ainsi que dans les urines pathologiques ; il suffit même d'une perturbation un peu notable dans le régime pour que ce rapport n'existe plus.

Voici quelques exemples à l'appui de cette relation:

Urine normale de l'homme densité à 15°	Urée contenue dans 1000 gr. de la même urine.
1,0116	11 gr 39
1,0092	9 88
1,0277	29 72
1,0260	25 80
1,0290	31 77

J'ai eu l'occasion d'observer plusieurs cas de cette relation; dans un cas, par exemple, la densité de l'urine étant 1,019, la quantité d'urée était de 18 grammes 583 pour 1,000; dans un autre cas, la densité étant 1,028 la quantité d'urée était 27 grammes 08.

Quantités moyennes d'urée dans l'urine, à l'état physiologique. — D'après l'analyse faite en 1809 par Berzélius, la proportion de l'urée est élevée à 30 pour 1,000 d'urine.

— L'excrétion journalière moyenne de l'urée, chez l'homme en santé, a été fixée à 28 grammes par M. Lecanu.

— A. Becquerel a adopté un nombre moins élevé, 18 pour 1000. Lhéritier donne les chiffres 10 et 12 et M. Andral 10 à 13 pour 1000. Ces trois dernières évaluations sont bien au-dessous de la moyenne fixée par M. Lecanu et de celle qu'on observe à Paris.

— M. Bouchardat admet que, chez l'homme adulte en santé, à Paris, la quantité d'urée des 24 heures oscille entre 25 et 30 grammes.

— M. Hepp adopte comme moyenne journalière 28 et 33 grammes pour Strasbourg.

— D'après Neubauer, l'urine d'un homme sain, soumis à un régime mixte, renferme de 25 à 32 grammes d'urée pour 1000, de telle sorte qu'en 24 heures, il en élimine entre 22 et 35 grammes.

— D'après Vogel, cette quantité excrétée en 24 heures chez l'homme adulte et sain serait de 25 à 40 grammes, ou pour 1 kilogramme de poids du corps, de 0,37 à 0,60 pour 24 heures.

— En Angleterre, d'après Garrod, on peut regarder le chiffre 32 gr. 5 comme la moyenne journalière. L. Beale admet les chiffres de Vogel comme moyenne, mais il dit avoir souvent constaté 70 et 80 grammes d'urée pour 1000 d'urine, fait que Lehmann révoque en doute. Golding Bird cite le chiffre 17 gr. 50 comme moyenne des vingt-quatre heures, et Hampton 22 gr. pour 1000.

Les analyses que j'ai faites sur l'urine à l'état normal m'ont donné des chiffres entre 20 et 28 pour 1000.

On s'explique ces différences par les variations du climat, du genre de vie, l'usage de la bière à dose élevée, etc.

On voit donc, d'après ce qui précède, que la quantité d'urée, éliminée par l'urine chez l'homme sain, varie principalement :

Avec l'âge, le sexe, le poids du corps ;

Avec le climat et le genre de vie ;

Avec le genre et la richesse de l'alimentation ;

Avec l'activité corporelle et cérébrale ;

Avec l'usage de certains agents ou condiments ordinaires du régime ;

Avec la densité de l'urine.

Variations de l'urée à l'état pathologique. — Pendant les maladies, l'urée subit tantôt un accroissement, tantôt une diminution dans la quantité.

En général, l'urée diminue par toutes les causes qui amoindrissent la quantité de matières protéiques et de substances propres à lui donner naissance. A. Becquerel a trouvé que dans toutes les affections qui se distinguent par la pauvreté du sang, l'urine présentait une composition qu'il désignait sous le nom d'urine anémique, et remarquable par la faible proportion d'urée. D'après ses nombreuses recherches sur les variations de ce principe, il a observé que dans la plupart des maladies capables d'amener un changement dans la composition de l'urine, la loi générale est la diminution de la quantité normale d'urée excrétée pendant les vingt-quatre heures. Selon M. Robin, cette diminution serait tout aussi bien alors le résultat de la diète et du régime débilitant que la conséquence de la maladie elle-même.

Mac-Gregor affirme qu'il n'y a pas de maladie qui puisse être caractérisée par l'absence complète d'urée, bien que dans quelques cas elle diminue dans des proportions considérables.

Prout, Chevreul, Barruel, Mac-Gregor, Kane, Reich et Fonberg ont prouvé que l'urée se rencontrait toujours dans l'urine des diabétiques, et Bouchardat et O. Henry qu'elle était excrétée pendant les vingt-quatre heures en quantité aussi considérable que chez les individus sains. Ce qui avait conduit plusieurs observateurs à conclure que l'urée diminuait dans la glycosurie, c'est qu'on n'avait point égard à l'augmentation de l'urine excrétée dans les vingt-quatre heures; on fixait la proportion d'urée contenue dans un litre et l'on concluait à la diminution. En ayant égard à la quantité rendue dans les vingt-quatre heures, on trouve, au contraire, une augmentation dans la grande majorité des cas.

D'après M. Bouchardat, auteur de l'observation précédente, le poids d'urée, rendue par les diabétiques, est proportionnel à la somme des aliments azotés introduits dans l'économie. Il a trouvé entre 35 et 46 grammes d'urée, dans l'urine des vingt-quatre heures, chez les diabétiques au régime animal.

Maladies avec augmentation d'urée. — Les maladies dans lesquelles on a observé une augmentation sont les fièvres intermittentes, le rhumatisme articulaire aigu, la fièvre typhoïde, la pneumonie, la polyurie ou diabète insipide, la phthisie pulmonaire.

M. Bouchardat cite un cas extraordinaire d'ictère de cause morale, où le malade rendit un jour 3 litres 75 d'urine contenant 133 grammes d'urée ou 38 grammes 42 par litre.

Dans certains cas de goutte rétrocédée, il a constaté 52 et 63 grammes d'urée en vingt-quatre heures.

Martin-Solon, Bouchardat, L. Beale citent des cas où l'urine était si riche en urée, que l'addition d'acide azotique y déterminait immédiatement la formation de paillettes cristallines de nitrate d'urée.

M. Husson a trouvé les chiffres 18, 28, 32, 34 et 40 d'urée pour 1000 dans la rougeole, chez une enfant de 6 ans ; le sang contenait 0 gr. 010 d'urée pour 1000.

Millon a donné les quantités suivantes d'urée pour 1000 grammes d'urine :

Pneumonie droite, 2e degré....	39 gr.	75
Id. Id.	45	94
Pneumonie double..........	42	90
Rhumatisme articulaire.	43	11
Phthisie, 3e période	24	25
Diabète....................	8	25
Id.	21	50
Diabète (accès de fièvre)..	5	51

Maladies avec diminution d'urée. — Les maladies dans lesquelles on a constaté une diminution d'urée sont, entre autres, l'asystolie, l'urémie, la néphrite albumineuse, l'hépatite chronique, la fièvre jaune, les hydropisies, l'hystérie et les autres affections convulsives, et certaines maladies chroniques.

Il résulte des expériences de Rayer, Christison, Martin-Solon et Guibourt que dans la maladie de Bright, accompagnée d'hydropisie, la diminution de l'urée coïncide avec la présence de l'albumine. Icery l'a vue descendre à 4-5 gr. dans l'urine des vingt-quatre heures, qui était de 1455-1074 grammes.

Bouchardat a vu l'urée réduite à 1 gr. 56 dans un cas

d'hippurie, et Icery de 1 à 2 gr. 25 chez un polydipsique.

Vogel en a observé 3 gr. 30 par 1000 dans un cas de prurigo formicans.

Neubauer n'a trouvé que des traces d'urée dans l'urine d'un homme mort à la suite d'une anasarque.

Dans l'hydrurie, Poggiale a trouvé 0 gr. 7 pour 1000, Hepp 5,06, et Becquerel 3,50 pour 1000.

Dans la polyurie glycosurique, l'urée s'élève tantôt au-dessus, tantôt au-dessous de la moyenne ordinaire. M. Husson a trouvé 12, 18 et 22, et Reich 9,7 pour 1000.

Dans l'urémie, la proportion d'urée diminue considérablement dans l'urine ; mais, par contre, on en trouve 8 à 10 fois plus dans le sang.

Influence des médicaments sur l'élimination de l'urée. — Certains médicaments ont une influence marquée sur la quantité d'urée excrétée.

Parmi ceux qui l'augmentent, on peut citer les alcalins, les diurétiques en général : colchique, genièvre, térébenthine, scille, gayac, rhubarbe, les silicates alcalins, d'après M. Husson, la thiosinnamine, d'après M. Schlagdenhaufen.

L'urée diminue après l'emploi de la caféine, de la digitale, de la digitaline, de l'iodure de potassium, de l'acétate de plomb, de l'acide arsénieux.

Les recherches sur ce sujet n'ont rien de bien certain pour quelques-uns d'entre eux et donnent beaucoup de prise à la controverse.

M. Rabuteau a étudié plusieurs médicaments dans leurs rapports avec l'excrétion de l'urée. Le sulfate de quinine, le perchlorate de potasse et les azotites alcalins n'en diminuent pas la quantité (*voir* Mémoires de la Société de Biologie).

L'urée, introduite artificiellement dans le corps, n'est pas décomposée ; mais elle est rapidement éliminée par l'urine, où l'on constate immédiatement une augmentation.

Woehler et Frerichs ont trouvé que l'urée augmentait dans l'urine du lapin lorsqu'on lui administrait des urates alcalins, de l'alloxane, de l'alloxantine, de la créatine.

Variations de l'urée sous l'influence de causes diverses. — La débilité organique, quelle qu'en soit la cause, occasionne une diminution de l'urée.

L'électricité a également une influence sur l'élimination de l'urée. M. Peyrani a observé une augmentation par suite de l'action d'un courant voltaïque sur le nerf sympathique. M. Onimus a remarqué qu'un courant ascendant agissait de même, et qu'un courant centrifuge la faisait diminuer.

Quant à l'influence des causes morales, elle n'est qu'indirecte par suite des troubles apportés dans l'économie.

Remarque. — Le dosage de l'urée dans l'urine ne peut donner de résultats comparables à ceux obtenus à l'état physiologique, que si l'on opère sur le produit de la sécrétion des vingt-quatre heures.

La transformation de l'urine en carbonate d'ammoniaque amène l'alcalinité de l'urine. Cette décomposition peut se faire à l'instant de sa sécrétion; mais elle a lieu, le plus souvent, après avoir été sécrétée. Si le mucus vésical favorise cette transformation, son influence est douteuse et surtout très-faible. L'action des globules du pus est, au contraire, très-manifeste; mais, en cela, agissent-ils par eux-mêmes ou par un ferment spécial qui les accompagne.

Les causes qui peuvent déterminer l'alcalinité des urines sont :

1° Certaines maladies des reins, les néphrites aiguës et chroniques;

2° Quelques cas de maladie de Bright;

3° Le long séjour des urines dans la vessie;

4° Les maladies de la vessie fournissant une sécrétion purulente

5° Certaines maladies du cerveau et de la moelle ;

6° Enfin, dans certaines circonstances, rien ne peut rendre compte de l'existence des urines alcalines.

Quantité d'urée dans le sang. — Le sang de l'artère du rein contient environ deux fois plus d'urée que celui de la veine de cet organe. La quantité d'urée paraît être augmentée dans toutes les maladies fébriles par l'exagération momentanée des combustions ; elle est également augmentée par toutes les circonstances qui entravent le travail éliminatoire.

D'après A. Picard, la proportion de l'urée dans le sang de l'homme sain serait de 0 gr. 016 pour 1,000.

Le même auteur a donné les proportions suivantes par 1,000 grammes :

Dans le sang du placenta	0 gr. 028 et 0,062
— du fœtus......................	0 027
— chez des femmes atteintes d'aménorrhée.........................	0 026 et 0,029
— de la maladie de Bright............	1,5
— chez des cholériques	0,6 et 0,7
— artériel rénal chez des chiens chloroformisés...............	0 gr. 036 et 0,04
— veineux rénal id. id.	0 018 et 0,02

O'Saughnessy a trouvé 1 gr. 40 d'urée pour 1,000 dans le sérum du sang d'un cholérique.

MM. Poiseuille et Gobley ont trouvé les quantités d'urée suivantes dans le sang de quelques animaux :

Sang de taureau.....	0,0215 pour 1,000
— vache.........	0,0219 —
— cheval......	0,0200 —
— chien.......	0,0220 —

Meissner et Shépard ont trouvé 0 gr. 017 pour 1,000 dans le sang de la chèvre.

Prévost et Dumas ont constaté, sur un chat, que la quantité d'urée peut s'élever à 10 grammes pour 1,000 de sang. Il en est de même chez les animaux auxquels on a pratiqué la ligature de l'artère rénale.

M. Gréhant a opéré de nombreux dosages de l'urée dans le sang. Les quantités qu'il a trouvées chez le chien sont plus élevées que celles qui ont été indiquées par d'autres auteurs.

On remarquera que ses résultats sont ramenés au poids de 100 grammes de sang et non à 1,000 grammes. Ainsi, M. Gréhant a trouvé dans 100 grammes de sang artériel rénal de chiens :

Avant la néphrotomie......	0 gr. 026	0 gr. 088
Trois heures après	0 045	0 093
Vingt-sept heures après.....	0 206	0 276

L'accumulation de l'urée dans le sang a été d'abord considérée comme la cause principale de la maladie appelée *urémie*. Plus tard, Frerichs attribua la cause des accidents urémiques, non plus à l'urée, mais au carbonate d'ammoniaque provenant de sa décomposition, qui devait se produire dans le sang au moyen d'un ferment.

Quantité d'urée dans le chyle et la lymphe. M. Würtz examina le chyle et la lymphe d'un taureau auquel on avait pratiqué une fistule du canal thoracique. Après y avoir découvert de l'urée, il étendit ses recherches à d'autres animaux et obtint les quantités d'urée suivantes, dans 1,000 grammes de liquide :

	Sang.	Chyle.	Lymphe.
Chien ...	0,089	0,183	0,158
Taureau..	0,192	0,189	0,213
Vache....	0,192	0,192	0,193
Cheval ...	0,248	0,271	0,126

Quantités d'urée dans la sueur. L'urée existe dans la sueur en proportions assez faibles : 0 gr. 043 pour 1000 (Favre);

0 gr. 038 (Funke); 0 gr. 088 (Picard). Dans l'urémie, c'est-à-dire lorsque la proportion d'urée contenue dans le sang est augmentée, la quantité d'urée contenue dans la sueur augmente également. Dans certaines maladies des reins et de la vessie, observées par Drasche, Treitz et Hirschprung, la sueur abandonne l'urée, à l'état cristallisé ou amorphe, à la surface de la peau.

Urée dans les humeurs de l'œil. L'humeur vitrée, exprimée des cellules hyaloïdes de l'œil du bœuf, laisse un résidu de 1,63 pour cent dans lequel Berzélius a signalé du chlorure de sodium, un peu d'albumine et une matière soluble dans l'eau. Millon y a reconnu la présence constante de l'urée dans la proportion très-forte de 20 à 35 pour cent de résidu.

Urée dans le lait. M. Picard a trouvé dans le lait 0 gr. 013 d'urée pour 1000. De 8 litres de petit-lait représentant plus de 10 litres de lait pur, M. J. Lefort a pu retirer 1 gr. 50 de nitrate d'urée.

Voici un tableau des quantités d'urée que M. Picard a trouvées dans 1000 parties des liquides suivants :

Sang	0,016
Salive	0,035
Bile	0,030
Lait	0,013
Humeurs de l'œil	0,500
Sueur	0,088
Sérosité du vésicatoire	0,060
Liquide de l'ascite	0,015
Liquide de l'amnios	0,035

CHAPITRE II.

DE L'URÉE AU POINT DE VUE CHIMIQUE.

Synonymie chimique. Urée, oxyde urénique ammoniacal, cyanate anomal d'ammoniaque, carbamide, diamide de l'acide carbonique :

Formule.	$C^2H^4Az^2O^2$.		
Composition.	Carbone	12	20,000
	Hydrogène..	4	6,666
	Azote	28	46,667
	Oxxgène....	16	26,667
		60	100,000

L'historique de l'urée a été traité dans la première partie de ce travail, ainsi que sa formation et son état naturel. L'analyse élémentaire de cette substance a été faite par Fourcroy, Vauquelin, Prout, Ure, Bérard, Prévost et Dumas, O. Henry, Liebig et Woehler. En 1823, Prévost et Dumas firent l'analyse élémentaire de l'urée en la décomposant par l'oxyde de cuivre dans un tube chauffé au rouge, et obtinrent des volumes égaux d'acide carbonique et d'azote.

Propriétés physiques. L'urée cristallise dans le système du prisme droit à base carrée ; elle se présente sous la forme d'aiguilles soyeuses (lorsqu'elle se sépare d'une dissolution concentrée) et de longs prismes à 4 pans, aplatis, sans faces terminales, ou quelquefois terminés par les faces de l'octaèdre. Ce dernier cas arrive lorsqu'elle provient de l'évaporation spontanée des eaux mères alcooliques du traitement du cyanate d'ammoniaque, et contenant encore quelques impuretés. On observe aussi des cristaux terminés par une ou deux facettes obliques.

Ces cristaux ne contiennent pas d'eau de constitution, mais l'urée est légèrement hygrométrique et perd de 3 à 4 pour 100 de son poids par la dessiccation à 100 degrés. Ceci arrive surtout pour la forme en aiguilles soyeuses lorsqu'elle est placée dans une atmosphère chaude et humide ; quoique Pelouze ait dit que l'urée mise en contact avec l'air n'en attirait pas l'humidité d'une manière sensible.

L'urée pure est incolore, inodore ; sa saveur est fraîche, légèrement piquante et amère ; elle rappelle celle de l'azotate de potasse.

Sa densité est 1,35.

L'urée est soluble dans son poids d'eau à 15° ; dans 5 parties d'alcool froid ($d = 0,816$) dans 2 parties d'alcool bouillant, soluble dans la glycérine, peu soluble dans l'éther et insoluble dans les essences. La dissolution est neutre aux réactifs colorés.

Lorsque l'on mêle de l'urée pulvérisée à certains sels, le sulfate de soude par exemple, elle en sépare l'eau de cristallisation ; et la masse, de solide qu'elle était, devient tout à coup molle et même liquide.

Action de la chaleur. L'urée pure, chauffée au contact de l'air sur une lame ou dans une capsule de platine, entre en fusion vers 120° et se décompose vers 140°, en répandant des vapeurs blanches contenant de l'ammoniaque et du carbonate d'ammoniaque. Par l'élévation de la température, elle reprend la forme solide, se colore en jaune-brun, brûle facilement et disparaît sans laisser de résidu de charbon. Par une action ménagée de la chaleur jusqu'à 150°-160°, on obtient d'abord du biuret ou bicyanate d'ammoniaque, $C^4H^5Az^3O^4$, ensuite de l'ammélide, $C^6H^4Az^4O^4$, sous forme de résidu blanc et amorphe ; si l'on continue l'action de la chaleur, l'ammélide produit de l'acide cyanurique, $C^6H^3Az^3O^6$, qui chauffé plus fortement subit une modification isomérique et se change en acide cyanique.

Une solution d'urée étendue de beaucoup d'eau, peut supporter la température de l'ébullition sans se décomposer sensiblement. Lorsque la solution est très-concentrée, on observe un dégagement d'ammoniaque, la température s'élevant au-dessus de 100°.

Action de l'eau sur l'urée, transformation en carbonate d'ammoniaque.—L'urée, sous l'influence des éléments de l'eau, se transforme peu à peu en carbonate d'ammoniaque :

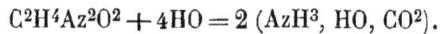

$$C^2H^4Az^2O^2 + 4HO = 2 (AzH^3, HO, CO^2).$$

Ainsi, une dissolution aqueuse d'urée, abandonnée à l'action de l'air, subit cette transformation d'une manière très-lente et ne contient plus ensuite que du carbonate d'ammoniaque. Cette métamorphose est provoquée et favorisée par des matières de nature organique qui passent de l'air dans la dissolution.

Bunsen a démontré que l'urée, en solution aqueuse, chauffée à 140° dans un tube scellé à la lampe, se décompose intégralement en carbonate d'ammoniaque. Il a même fondé sur cette propriété un procédé de dosage de l'urée. L'urée présente, dans l'urine, les mêmes phénomènes que dans l'eau et se transforme en carbonate d'ammoniaque sous l'influence de divers ferments observés par MM. Jacquemart, Dumas, Pasteur, van Tieghem, Schoenbein. M. Béchamp a appelé l'un de ces ferments *néphrozymase*. Lehmann pense que la matière colorante de l'urine contribue pour beaucoup à cette transformation.

Action des acides et des alcalis sur l'urée.—Les acides minéraux énergiques, l'acide sulfurique par exemple et les alcalis (potasse, soude, chaux, chaux sodée) opèrent aussi la transformation de l'urée en carbonate d'ammoniaque. Avec les acides, on obtient un sel ammoniacal et l'acide carbonique se dégage :

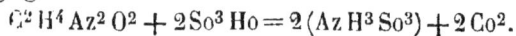

$$C^2H^4Az^2O^2 + 2SO^3 Ho = 2(AzH^3 SO^3) + 2CO^2.$$

Cette réaction est la base du procédé de dosage de l'urée de Heintz. Avec les alcalis, l'acide carbonique reste fixe, tandis que l'ammoniaque se dégage :

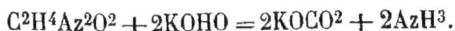

$$C^2H^4Az^2O^2 + 2KOHO = 2KOCO^2 + 2AzH^3.$$

Lorsqu'on fait fondre l'urée avec les alcalis caustiques, ou qu'on la traite par l'acide sulfurique concentré, elle se décompose avec plus de facilité que dans sa solution aqueuse. Cette solution dégage aussi de l'ammoniaque lorsqu'on la fait bouillir avec de la chaux ou de la magnésie; mais ce dégagement n'a pas lieu, si le mélange n'est porté qu'à 40° ou 50°.

Cette transformation de l'urée en carbonate d'ammoniaque fait considérer l'urée comme une amide, c'est-à-dire comme un sel ammoniacal, moins deux équivalents d'eau. Elle est isomère avec la carbamide, amide de l'acide carbonique, dont la formule est AzH^2CO et avec le cyanate d'ammoniaque AzH^3,Ho,C^2AzO.

Action du chlore. — Le chlore et les hypochlorites décomposent la solution aqueuse d'urée. Il se forme de l'eau et des volumes égaux d'acide carbonique et d'azote. Cette réaction, qui commence à froid, est favorisée par une douce chaleur.

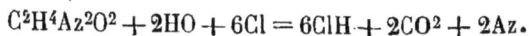

$$C^2H^4Az^2O^2 + 2HO + 6Cl = 6ClH + 2CO^2 + 2Az.$$

$$C^2H^4Az^2O^2 + 6MOClO = 6MCl + 4HO + 2CO^2 + 2Az.$$

H. Davy paraît avoir, le premier, observé cette décomposition de l'urée en volumes égaux d'acide carbonique et d'azote, sur laquelle M. Leconte a basé son procédé de dosage.

Par l'action d'un courant de chlore sur l'urée en fusion, il se produit de l'acide cyanurique, de l'acide chlorhydrique, du chlorhydrate d'ammoniaque et de l'azote.

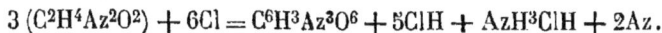

$$3 (C^2H^4Az^2O^2) + 6Cl = C^6H^3Az^3O^6 + 5ClH + AzH^3ClH + 2Az.$$

L'acide chlorique dissout l'urée, mais par l'évaporation spontanée, celle-ci se dépose de nouveau sans altération. Le brôme agit de même.

L'acide azotique pur et froid, versé dans une solution d'urée, en précipite celle-ci à l'état d'azotate d'urée sous forme de lamelles cristallines. Cette réaction est caractéristique et la plus employée pour rechercher l'urée.

Action de l'acide azoteux. — L'acide azoteux, l'acide hypoazotique, l'acide azotique renfermant des produits nitreux, l'azotite de mercure en dissolution dans l'acide azotique ou dans l'azotate de mercure, décomposent l'urée et la transforment en eau, ammoniaque et volumes égaux d'acide carbonique et d'azote :

$$C^2H^4Az^2O^2 + AzO^5HO + AzO^3 = AzH^3HOAzO^5 + HO + 2CO^2 + 2Az.$$

Cette réaction a été le point de départ du procédé de dosage de Millon, par l'absorption de l'acide carbonique au moyen de la potasse; mais on ne s'inquiétait que de la quantité d'acide carbonique, et on exprimait cette réaction par l'équation suivante :

$$C^2H^4Az^2O^2 + 2AzO^3 = 4HO + 4Az + 2CO^2.$$

c'est-à-dire sans indiquer la formation d'ammoniaque et de volumes égaux des deux gaz.

M. Berthelot traduit cette réaction par la formule :

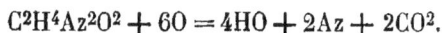

$$C^2H^4Az^2O^2 + 6O = 4HO + 2Az + 2CO^2.$$

mais il ne signale pas la formation d'ammoniaque.

Cette réaction, déjà citée par Liebig, Wœhler, Ludwig, Krohmeyer, Schlossberger et Neubauer, a été pour moi l'objet d'une étude spéciale; je me suis assuré de l'exactitude de la première équation, et j'ai basé sur elle une nouvelle méthode de dosage de l'urée, ou du moins une modification importante du procédé de Millon. Ce sujet sera traité avec détails en parlant du dosage de l'urée.

L'acide phosphorique anhydre décompose l'urée en donnant naissance à de l'acide cyanique et à de la cyamélide,

Gorup Besanez a étudié l'action de l'ozone sur l'urée, et il a vu qu'en l'absence des alcalis l'urée n'est pas décomposée, mais qu'en présence de la potasse elle absorbe assez rapidement l'ozone et dégage de l'ammoniaque. La liqueur ne renferme plus, après la fin de l'absorption, que du carbonate d'ammoniaque.

La solution d'urée, en présence de l'acide chlorhydrique et du permanganate de potasse, se décompose en acide carbonique et ammoniaque; cette réaction est facilitée par l'action de la chaleur. En solution alcaline, elle résiste très-énergiquement à l'action oxydante du permanganate.

L'acide oxalique, en solution concentrée, précipite l'urée à l'état d'oxalate, en poudre blanche et cristalline, moins soluble que l'azotate d'urée, ce qui en fait aussi une réaction caractéristique.

L'acide tartrique, en solution concentrée, versé dans une solution d'urée, en précipite des touffes micacées, brillantes et ensuite des cristaux prismatiques de tartrate d'urée.

Lorsqu'on verse une solution d'azotate de bioxyde de mercure dans une solution d'urée, il se forme un précipité blanc floconneux qui, suivant la concentration du liquide, offre une composition variable. Le précipité obtenu a l'une des formules suivantes :

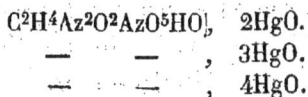

$$C^2H^4Az^2O^2Az O^5HO, \quad 2HgO.$$
$$\underline{\quad} \quad \underline{\quad} \quad , \quad 3HgO.$$
$$\underline{\quad} \quad \underline{\quad} \quad , \quad 4HgO.$$

L'urée forme également plusieurs combinaisons avec l'oxyde de mercure :

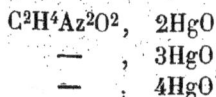

$$C^2H^4Az^2O^2, \quad 2HgO$$
$$\underline{\quad} \quad , \quad 3HgO$$
$$\underline{\quad} \quad , \quad 4HgO$$

La méthode de dosage de l'urée de Liebig est fondée s[u]
l'insolubilité de cette dernière combinaison.

Le bichlorure de mercure ne donne pas de précipité dan[s]
les solutions d'urée faiblement acides, mais il en donne dan[s]
les solutions alcalines.

Un mélange de dissolutions d'urée et d'azotate d'argent s[e]
décompose par l'évaporation en azotate d'ammoniaque [et]
en cyanate d'argent cristallisé :

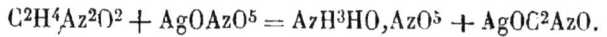

$$C^2H^4Az^2O^2 + AgOAzO^5 = AzH^3HO,AzO^5 + AgOC^2AzO.$$

A froid, l'urée donne, avec l'azotate d'argent, de gros cri[s]
taux incolores qui ont pour formule :

$$C^2H^4Az^2O^2,AgO,AzO^5.$$

Une solution d'urée, chauffée avec l'acétate de plomb
donne du carbonate de plomb et de l'acétate d'ammo[-]
niaque.

Extraction de l'urée de l'urine. — Pour retirer l'uré[e]
de l'urine, on évapore celle-ci en consistance sirupeuse a[u]
dixième de son volume primitif. Le vase contenant l[e]
liquide est placé dans de l'eau froide ou dans un mélang[e]
réfrigérant; on y verse peu à peu, jusqu'à cessation de pré[-]
cipité, de l'acide azotique exempt de vapeurs nitreuses. Il s[e]
forme des cristaux d'azotate d'urée colorés en brun, on le[s]
fait égoutter sur un entonnoir; après les avoir étendus su[r]
des doubles de papier à filtrer, on les place entre deux brique[s]
poreuses, afin d'opérer une certaine pression. On dissout c[e]
résidu pour le décolorer avec du charbon animal lavé;
l'azotate est mis à recristalliser ou bien traité directemen[t]
pour en extraire l'urée. Pour cela, on redissout l'azotat[e]
dans l'eau, on ajoute du carbonate de potasse, de plomb o[u]
de baryte (ce dernier est préférable), jusqu'à cessation d[e]
l'effervescence et que la liqueur soit neutre; on évapore a[u]
bain-marie à siccité; le résidu est traité par l'alcool boui[l-]

lant, qui laisse insoluble l'azotate de la base employée et qui dissout l'urée. La solution abandonne l'urée en cristaux après refroidissement ou après nouvelle évaporation. — L'extraction de l'urée de l'urine et d'autres liquides, demandant à être traitée avec détails, elle sera l'objet d'un article spécial.

Synthèse de l'urée. Production artificielle. — Le premier exemple de synthèse chimique date de l'année 1829, époque à laquelle Wœhler reproduisit artificiellement l'urée en soumettant à l'action de la chaleur le cyanate d'ammoniaque, qui, sous cette influence, subit une simple transformation isomérique, comme le montre l'équation suivante :

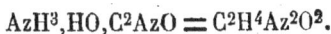

$$AzH^3,HO,C^2AzO = C^2H^4Az^2O^2.$$

Cette belle découverte vint donner aux travaux des chimistes, jusqu'alors plus spécialement occupés de recherches analytiques, une impulsion toute nouvelle et les engagea dans une voie complétement inexplorée.

Wœhler obtenait d'abord le cyanate d'ammoniaque en dirigeant des vapeurs d'acide cyanique dans du gaz ammoniac sec ; il se forme une matière blanche, cristalline, très-soluble dans l'eau, d'où les acides dégagent de l'acide cyanique et les alcalis de l'ammoniaque. Ce sel peut se préparer inversement en faisant arriver les vapeurs ammoniacales dans une solution éthérée d'acide cyanique. On l'obtient également en décomposant le cyanate de plomb par l'ammoniaque ou le cyanate d'argent par le chlorhydrate d'ammoniaque.

Mais, quel que soit le procédé qui ait servi à préparer le cyanate d'ammoniaque, sa dissolution, abandonnée pendant quelques jours, laisse déposer un corps cristallin, l'urée, qui possède exactement la même composition que le cyanate d'ammoniaque, mais ne présente nullement les caractères ni des sels ammoniacaux ni des cyanates. Cette transformation du cyanate d'ammoniaque en urée est effectuée immédiatement en portant sa solution à la température de l'ébullition.

Préparation de l'urée artificielle. Procédé de Liebig.

— Les procédés de préparation énumérés précédemment ne sont pas applicables à la production de grandes quantités d'urée. Liebig a indiqué le procédé suivant :

Il faut préparer d'abord du cyanate de potasse. Pour cela, on fait un mélange intime de 28 parties de ferrocyanure de potassium et de 14 parties de bioxyde de manganèse, tous deux bien desséchés et réduits en poudre aussi fine que possible. On chauffe le mélange sur une plaque de fer (et non dans un creuset), au-dessus d'un feu de charbon, jusqu'au rouge naissant; à cette température, il s'enflamme de lui-même et il s'éteint peu à peu; en l'agitant à plusieurs reprises, on l'empêche de s'agglutiner et on facilite l'accès de l'air. La masse éteinte est, après le refroidissement, traitée par de l'eau froide qui dissout le cyanate de potasse et la solution est mélangée avec 20 1/2 parties de sulfate d'ammoniaque pur ou du commerce. Il est bon de mettre à part les dernières eaux de lavage concentrées fournies par le mélange éteint, d'y faire dissoudre à froid le sulfate d'ammoniaque et de mêler les premières eaux avec cette dissolution.

Ordinairement, il se forme aussitôt un précipité abondant de sulfate de potasse ; on décante la liqueur surnageante et on la fait évaporer au bain-marie; il se dépose de nouveau du sulfate de potasse et on continue d'évaporer la liqueur jusqu'à ce que la séparation ne soit plus possible. On évapore alors, jusqu'à siccité complète, les liqueurs décantées, le résidu est traité par de l'alcool à 85°-90° bouillant. Celui-ci dissout l'urée et laisse pour résidu le sulfate de potasse ; la liqueur alcoolique évaporée et refroidie donne de très-beaux cristaux d'urée. — Ce procédé donne en urée un rendement égal au tiers à peu près du poids de ferrocyanure employé.

Voici ce qui se passe dans cette opération : Par l'incinération à l'air du ferrocyanure de potassium mélangé avec du bioxyde de manganèse, il se forme de l'oxyde Mn ^{3}0^4 et du cyanate de potasse très-soluble qui se dissout sans décomposition dans l'eau froide :

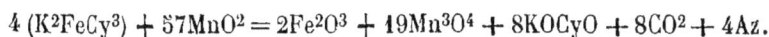

$$4 (K^2FeCy^3) + 57MnO^2 = 2Fe^2O^3 + 19Mn^3O^4 + 8KOCyO + 8CO^2 + 4Az.$$

Les substances employées doivent être bien desséchées, car, à chaud et au contact de l'eau, le cyanate de potasse se décomposerait à mesure de sa formation en ammoniaque et en carbonate de potasse.

Lorsqu'on mélange le cyanate de potasse avec le sulfate d'ammoniaque, il se produit du cyanate d'ammoniaque, qui se tranforme en urée par une douce chaleur.

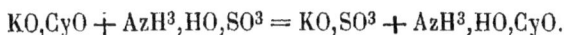

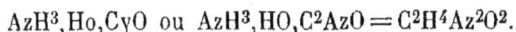

$$KO,CyO + AzH^3,HO,SO^3 = KO,SO^3 + AzH^3,HO,CyO.$$

$$AzH^3,Ho,CyO \text{ ou } AzH^3,HO,C^2AzO = C^2H^4Az^2O^2.$$

Il arrive quelquefois que la dissolution, qui contient le sulfate de potasse et l'urée, est colorée en jaune par du ferrocyanure d'ammonium ou de potassium, qui se dissout dans l'alcool et jaunit les cristaux d'urée. Il est facile de la purifier par l'addition d'une petite quantité de sulfate de fer ; après la séparation du bleu de Prusse formé, on ajoute du carbonate d'ammoniaque qui décompose l'excès du sel de fer et décolore la liqueur. Celle-ci est ensuite évaporée et traitée de la manière indiquée plus haut.

Procédé de Haenle. La préparation de l'urée artificielle par le ferrocyanure de potassium donne une quantité de produit moindre que celle qui est indiquée par la théorie. M. Haenle, qui a repris minutieusement toutes les circonstances de la préparation, attribue cette perte à un dégagement d'ammoniaque qui se fait au moment où l'on mélange

le sel ammoniacal au cyanate de potasse et pendant l'évaporation de ce mélange. Il s'est arrêté aux proportions suivantes : On prend seize parties de ferrocyanure de potassium que l'on déshydrate de manière à réduire son poids de
deux parties, puis on le mélange intimement avec sept parties de bioxyde de manganèse bien choisi, réduit en poudre
fine et passé au tamis. Après calcination et épuisement du
produit par l'eau, on ajoute 10 parties 114 de sulfate d'ammoniaque. On retire ainsi jusqu'à 6 parties d'urée pure,
la théorie en indiquant 9.

Procédé de Clemm. On fait fondre 8 parties de ferrocyanure de potassium et 3 parties de cyanure de potassium contenant du carbonate ; on tire ensuite le creuset du
feu, on laisse un peu refroidir et on introduit peu à peu
dans la masse fluide 15 parties de minium, en agitant
constamment. A mesure qu'on ajoute du minium, la matière
devient de plus en plus liquide, le minium se réduit et il se
dégage de l'azote provenant de la réduction d'un peu de cyanate de potasse en contact avec le minium ; ce dégagement
de gaz est peu sensible, si l'on a soin d'éviter de trop élever
la température et en ajoutant le minium par petites quantités. Quand tout l'oxyde métallique est ajouté, on donne
encore un coup de feu, on agite bien et on laisse refroidir.
Pour préparer de l'urée avec cette masse, on n'a qu'à suivre
la méthode de Liebig, c'est-à-dire on dissout huit parties
de sulfate d'ammoniaque dans les dernières eaux de lavage
de la masse, et on ajoute cette dissolution à celle du cyanate
de potasse ; on évapore au bain-marie, et on sépare à différentes reprises les cristaux de sulfate de potasse ; la dissolution est ensuite évaporée et traitée par l'alcool bouillant
qui dépose de l'urée par le refroidissement. Avec huit parties
de ferrocyanure de potassium sec, on obtient ainsi 4 ou
5 parties d'urée. Le sulfate de potasse qui se forme dans
cette occasion est coloré par un corps particulier insoluble

dans l'eau bouillante ; M. Clemm croit que c'est un *cyanure de potassium et de fer* ; il se dissout en partie dans la potasse ; sa dissolution bleuit à l'air ; traitée par les acides, elle laisse précipiter une matière bleuâtre qui rougit à mesure qu'on ajoute de l'acide et qu'on ramène à sa première couleur en ajoutant de la potasse. La liqueur acide ci-dessus est précipitée en bleu par les sels de fer, preuve que la potasse a déterminé la formation d'une certaine quantité de ferrocyanure de potassium,

Procédé de Carey Lea. Carey Lea ayant observé que, même en opérant avec soin d'après les proportions données par Liebig, les liqueurs renferment toujours du cyanure de potassium, essaya une oxydation plus complète en employant la méthode suivante : 850 gr. de ferrocyanure de potassium bien desséché sont mélangés avec 318 gr. de carbonate de potasse calciné et fondus ensemble dans un vase en fer. La réaction étant complète et la température un peu abaissée, on ajoute 1900 grammes de minium, en ayant soin de ne point l'ajouter d'un seul coup, mais par portions de 300 à 400 grammes à la fois, avec intervalles d'environ dix minutes, pendant lesquelles on ne cesse de remuer le tout et de maintenir la température assez élevée pour que la matière reste en fusion complète. Après l'addition de la dernière portion de minium, on laisse le vase sur le feu, pendant une demi-heure, pour que la réaction puisse s'achever. On chauffe en tout pendant quatre heures. De cette manière, tout le cyanure se transforme et on termine l'opération à la manière ordinaire ; on obtient environ 500 grammes d'urée. Aucune précaution particulière n'est à prendre pendant l'évaporation et la fusion, et même pendant la lévigation à l'eau froide ; mais pendant l'évaporation de la solution, il faut favoriser le plus possible le dégagement des vapeurs.

Procédé de Williams. Williams propose de substituer le cyanate de plomb au cyanate de potasse dans la préparation de l'urée. Il prend du cyanure de potassium, le fond, et le maintenant au rouge sombre, y ajoute peu à peu du minium en évitant la surélévation de la température. Après refroidissement, il traite la masse pulvérisée par l'eau froide et décompose le liquide filtré par l'azotate de baryte ; le carbonate produit est, à son tour, séparé par filtration, et la liqueur additionnée d'azotate de plomb fournit le cyanate de plomb pur. Pour préparer l'urée, il suffit de faire digérer à une douce chaleur, dans une quantité d'eau convenable, des équivalents égaux de cyanate de plomb et de sulfate d'ammoniaque.

Autres modes de formation synthétique de l'urée. — L'urée se produit dans une foule de circonstances : toutes les fois qu'une réaction donne simultanément naissance à de l'acide cyanique et à de l'ammoniaque.

Ainsi, l'urée se produit par la seule influence de l'eau sur le cyanogène ; dans la solution aqueuse de ce dernier corps, ayant subi une décomposition spontanée, Wœhler a trouvé de l'urée, de l'acide carbonique, de l'acide cyanhydrique, de l'ammoniaque, de l'oxalate d'ammoniaque. Il en est de même dans les solutions de cyanure de potassium et d'acide cyanhydrique.

Le formiate d'ammoniaque chauffé avec de l'eau et de l'acide cyanhydrique produit encore de l'urée.

Le cyanate d'argent mis en présence du chlorhydrate d'ammoniaque fournit ce résultat :

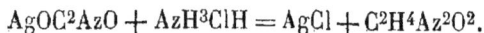

$$AgOC^2AzO + AzH^3ClH = AgCl + C^2H^4Az^2O^2.$$

L'urée se produit de même dans une solution éthérée de cyanamide après addition d'acide azotique.

M. Basarow a vainement tenté de transformer en urée le carbonate d'ammoniaque sous l'influence des agents déshydratants, mais il y est arrivé nettement en le chauffant à 130 dans des tubes scellés. Le carbonate d'ammoniaque était obtenu par l'action du gaz acide carbonique sec sur le gaz ammoniac sec dissous dans l'alcool absolu. Il a observé également qu'on obtenait des quantités notables d'urée pure par l'action d'une température de 130° à 140° sur le carbonate d'ammoniaque du commerce, qui peut être contenait du carbamate.

Kolbe a observé aussi la formation d'urée en chauffant à 140° le carbamate d'ammoniaque dans des tubes scellés :

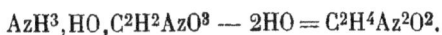

$$AzH^3, HO, C^2H^2AzO^3 - 2HO = C^2H^4Az^2O^2.$$

Carbamate d'ammoniaque.   Urée.

Williamson obtient de l'urée en chauffant l'oxamide avec l'oxyde de mercure dans un tube à essais ; l'opération est terminée dès que le mélange devient grisâtre ; on traite ensuite par l'eau, on filtre et l'on fait cristalliser.

$$C^4H^4Az^2O^2 + 4HgO = 4Hg + 2CO^2 + C^2H^4Az^2O^2.$$

Natanson a obtenu de l'urée par deux procédés :

1° En traitant l'éther carbonique par l'ammoniaque, il se forme de l'urée et de l'alcool régénéré :

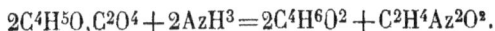

$$2C^4H^5O, C^2O^4 + 2AzH^3 = 2C^4H^6O^2 + C^2H^4Az^2O^2.$$

2° En faisant agir le gaz chloroxycarbonique sur l'ammoniaque, on obtient de l'urée et du chlorhydrate d'ammoniaque :

$$C^2Cl^2O^2 + 4AzH^3 = C^2H^4Az^2O^2 + 2AzH^3ClH.$$

Gladstone obtient de l'urée par le procédé suivant : après avoir tranformé le fulminate d'argent en fulminate de cuivre, il traite ce dernier par l'ammoniaque ; il se forme de l'oxyde de cuivre et du fulminate double d'argent et d'ammoniaque. Un courant d'acide sulfhydrique donne du sulfure de cuivre, de l'urée et de l'acide sulfocyanhydrique que l'on élimine à l'aide de l'acétate de plomb. Il est alors facile d'obtenir des cristaux d'urée.

M. Fleury a pu réaliser la transformation de l'urée en sulfocyanure d'ammonium et il a tenté l'opération inverse, c'est-à-dire transformer le sulfocyanure d'ammonium en urée. Pour cela, il a chauffé à 100°, dans des tubes scellés, du sulfocyanure d'ammonium avec de l'oxyde d'argent et a obtenu du sulfocyanure d'argent, du sulfure d'argent et un corps qui donne avec l'acide azotique, chargé de produits nitreux, un abondant dégagement de gaz, tandis qu'il n'en fournit pas avec le même acide pur; c'est une réaction caractéristique de l'urée. M. Fleury n'a pas pu, vu la difficulté de l'opération, isoler l'urée pure, à l'état cristallisé, mais cependant l'expérience ayant donné trois fois les résultats ci-dessus, la production constante d'un corps, possédant la propriété la plus saillante de l'urée, n'est pas un fait dénué de toute valeur.

M. Husson a obtenu de l'urée en faisant réagir le chloroforme sur l'ammoniaque quadrimercurique.

On trouve l'urée dans le produit de la distillation de l'acide urique et dans ceux de l'urée elle-même par suite d'une combinaison nouvelle des éléments dissociés.

Les corps oxydants comme l'acide azotique, l'acide chlorhydrique et le chlorate de potasse, le permanganate de potasse, l'ozone en agissant sur l'acide urique donnent comme produits ultimes de l'urée, de l'acide carbonique et de l'eau.

Si l'on introduit peu à peu une partie d'acide urique dans quatre parties d'acide azotique concentré ($d = 1,42$), celui-là se dissout avec effervescence et tout le liquide finit par se prendre en une bouillie cristalline. L'acide urique forme d'abord de l'acide parabanique qui donne ensuite de l'alloxane et de l'urée; la première se sépare sous forme de cristaux, tandis que l'urée par la formation de l'acide azoteux, se décompose immédiatement en acide carbonique et en azote qui se dégagent et occasionnent l'effervescence du liquide. La formation de l'alloxane et de l'urée aux dépens de l'acide urique a lieu par suite de l'absorption de deux équivalents d'eau et de deux équivalents d'oxygène

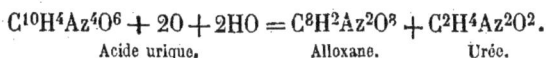

$$C^{10}H^4Az^4O^6 + 2O + 2HO = C^8H^2Az^2O^8 + C^2H^4Az^2O^2.$$

Acide urique.   Alloxane.   Urée.

En général, l'acide urique et ses dérivés, l'alloxane, la créatine, la créatinine sous des influences oxydantes et dans certaines conditions donnent de l'urée.

Transformation des matières albuminoïdes en urée.

— A la suite des divers modes de production artificielle de l'urée, il faut placer les travaux de M. Béchamp, qui annonça le premier la possibilité de transformer les matières albuminoïdes en urée par l'emploi d'un agent oxydant, le permanganate de potasse. Les résultats formulés par ce chimiste ont donné lieu à de sérieuses critiques et à des expérimentations nouvelles de la part de Nicklès, Staedeler, Neukomm, Subbotin, Neubauer, Lœw et Husson. Ces auteurs n'ont pu réussir à convertir l'albumine en urée et ont conclu que le corps obtenu était non pas de l'urée, mais du benzoate d'ammoniaque qui, avec quelques réactifs donne des résultats analogues à ceux fournis par l'urée. Ce qui a fait naître le doute dans leur esprit, au sujet des recherches de M. Béchamp, c'est que M. Dumas avait, il y a déjà longtemps, cherché à oxyder l'albumine et cela sous l'influence d'une liqueur alcaline, par analogie avec ce qui se passe dans le sang, espérant ainsi la convertir en urée; il avait employé le bichrômate de potasse, l'oxyde de mercure, l'oxyde d'argent, l'oxyde puce de plomb avec des liqueurs alcalines, et toujours ses tentatives ont échoué. Mais dans ces derniers temps, M. Ritter, répétant les expériences de M. Béchamp, a annoncé que la réussite de cette opération délicate était possible et qu'il avait obtenu des cristaux d'urée.

Voici le résumé des travaux de ces auteurs :

M. Béchamp annonça, dans sa thèse pour le doctorat en médecine (Strasbourg, 1856), que par l'action du permanganate de potasse sur les matières albuminoïdes, il se produit de l'urée. Ce résultat, dont ce chimiste poursuivait la réalisation dans le but d'éclairer le côté le plus intéressant de la théorie de la respiration, fut contesté. Mais tout en reconnaissant que l'expérience est délicate, il soutint l'exactitude des faits consignés dans deux mémoires sur ce sujet. (Ann. de chim. et physique, 3ᵉ série, XLVIII, 348, et LVII, 291.)

L'action du permanganate de potasse sur les matières albuminoïdes n'est pas une action simple, c'est-à-dire une oxydation dans l'acception ordinaire de ce mot; c'est une oxydation avec dédoublement, car dès la première action du sel oxydant, plusieurs composés prennent naissance. La réaction doit s'accomplir dans des liqueurs devant rester alcalines. Voici le mode opératoire suivi par M. Béchamp :

10 grammes de matière albuminoïde pure et sèche, 60 à 75 grammes de permanganate de potasse et 200 à 300 cent. cubes d'eau distillée sont mis en contact dans un ballon. Le mélange est porté dans un bain-marie chauffé à 60 ou 80° et l'on agite. La décoloration étant obtenue, on jette sur un filtre et on lave le dépôt d'oxyde de manganèse ; la liqueur est précipitée par l'acétate basique de plomb. Le précipité plombique étant séparé et lavé, on décompose la nouvelle liqueur par l'hydrogène sulfuré. On filtre pour séparer le sulfure de plomb et et on verse de l'azotate de bioxyde de mercure, dans la liqueur qui est acide, ainsi que de l'eau de baryte, jusqu'à ce que la liqueur, devenue presque neutre ne donne plus de précipité par le sel mercuriel, ou mieux jusqu'à ce qu'une nouvelle addition d'eau de baryte détermine la formation d'un précipité jaune persistant. On recueille et on lave le précipité à l'eau distillée et on le décompose par l'hydrogène sulfuré ; le sulfu.e de mercure étant séparé, on évapore la liqueur au bain-marie. Le résidu est épuisé par l'alcool à 90°, et la solution alcoolique évaporée à une douce chaleur laisse un résidu qui se prend d'ordinaire

en cristaux : c'est l'urée. Cette urée n'est pas pure ; ses cristaux sont souillés par un produit incristallisable.

Staedeler n'a pu réussir à préparer de l'urée en oxydant de l'albumine au moyen du permanganate de potasse. La réalisation de cette transformation ayant pour lui un intérêt tout spécial, il a, de concert avec Neukomm, répété avec soin les expériences de M. Béchamp.

A la place de l'urée, qu'ils n'ont pu obtenir par cette voie, ces chimistes ont vu apparaître une substance cristalline, ayant quelque analogie avec l'azotate d'urée, mais qu'un examen quelque peu attentif faisait rapidement reconnaître pour de l'acide benzoïque, que Guckelberger a trouvé parmi les produits d'oxydation des matières protéiques attaquées par l'acide chrômique.

Ce qui, selon Staedeler, a pu amener la confusion réside dans les faits suivants : le benzoate de potasse qui résulte de l'oxydation est soluble dans l'alcool ; avec l'acide azotique ou l'acide oxalique, il donne, tout comme l'urée, un précipité et de plus, il précipite en blanc par l'azotate de bioxyde de mercure. Le précipité par les acides est de l'acide benzoïque, peu soluble dans l'eau ; celui que forme l'azotate de mercure est du benzoate de mercure également peu soluble dans l'eau.

Subbotin a repris, une à une, les expériences au moyen desquelles M. Béchamp avait cru pouvoir effectuer cette transformation, mais ses essais ont été infructueux. Comme Staedeler et Neukomm il a obtenu de l'acide benzoïque et constaté qu'en général les produits du traitement de l'albumine, par le permanganate de potasse, sont en tout semblables à ceux qu'on obtient en oxydant ce principe immédiat par le bioxyde de manganèse ou le bichrômate de potasse.

M. Husson a tenté quelques expériences, au même point de vue, qui ne lui ont fourni aucune trace d'urée ; il traita par l'acide chlorhydrique un mélange intime de bioxyde de baryum et d'albumine du sang, en sorte que la matière protéique se trouvait en présence d'eau oxygénée à l'état naissant et cela à une température de 40°.

M. O. Lœw répéta de nouveau les expériences de M. Béchamp et il ne put trouver de l'urée dans les produits de l'oxydation des matières albuminoïdes (albumine, caséine, glutine, syntonine), sous l'influence du permanganate de potasse. Il constata en outre que l'urée n'est pas attaquée à froid par le permanganate, et qu'à chaud, cette oxydation est lente et donne de l'eau, de l'azote et de l'acide carbonique.

M. Ritter a repris les expériences de M. Béchamp avec de l'albumine, du sérum purifié, de la fibrine et du gluten. Il a fait sept expériences et sept fois il a réussi, en obtenant, avec le gluten, des cristaux d'urée de plus de 1 centimètre de long, que M. Caillot, professeur à la Faculté de médecine de Strasbourg, a pu montrer en public. Les rendements sont toujours très-faibles, comme le font voir les chiffres suivants :

30 grammes d'albumine humide ont produit 0 gr. 09 d'urée.

| 30 | — | de fibrine | — | 0 gr. 07 | — |
| 30 | — | de gluten | — | 0 gr. 29, 0,34 | — |

Avec le gluten, on obtient un corps précipitable par l'azotate de mercure, soluble dans l'alcool chaud et se déposant par le refroidissement en paillettes nacrées.

Une dernière opération a échoué ; c'est elle qui l'a mis sur la voie de l'explication de la non-réussite de M. Lœw. Il arrive un moment où la transformation lente s'active : si l'on remue à ce moment, on sent que le vase s'échauffe, il faut, dans ce cas, cesser de chauffer et même ajouter un peu d'eau froide, sinon il se produit un dégagement très-abondant d'acide carbonique et d'ammoniaque qui font déborder le liquide. Lorsque ce cas arrive, on n'obtient aucun corps cristallisable ; si, au contraire, la réaction se modère, on peut être sûr de la réussite, et, au bout d'une demi-heure, on peut continuer sans crainte de chauffer au bain-marie. En répétant l'expérience avec du gluten, M. Ritter a pu la faire échouer à volonté, en ne prenant pas les précautions indiquées. Un excès de matière albuminoïde lui a semblé être favorable à la réussite de l'opération.

Les expériences de M. Ritter paraissent très-concluantes et viennent confirmer la théorie et les expériences de M. Béchamp.

Des faits qui précèdent, on peut conclure que l'urée résulte de l'oxydation des matières albuminoïdes, comme de celle de l'acide urique, de la créatine, etc., et qu'elle est le dernier terme de la transformation des matières azotées.

COMBINAISONS DE L'URÉE.

L'urée se comporte, dans ses principales réactions, comme un alcaloïde; elle forme avec les acides des sels qui sont anhydres, lorsque l'acide, comme l'acide chlorhydrique, ne contient pas d'oxygène, et qui renferment un équivalent d'eau de constitution, quand l'acide est oxygéné. C'est aussi ce qui a lieu pour les sels ammoniacaux. Cependant l'urée s'éloigne sous quelques rapports des autres alcalis organiques; elle est sans action sur les réactifs colorés, et en outre, elle ne peut être combinée avec les acides lactique, urique, hippurique, carbonique, sulfhydrique, etc. Lorsqu'on porte à l'ébullition un mélange d'urée et d'acide hippurique, l'urée se convertit en partie en carbonate d'ammoniaque.

L'urée forme des combinaisons avec quelques acides minéraux et organiques, avec les oxydes et les sels.

Combinaison de l'urée avec les acides. — Les combinaisons de l'urée avec les acides minéraux ou organiques ont toutes une réaction acide, elles donnent l'urée quand on les traite par un carbonate alcalin et ensuite par l'alcool qui dissout l'urée. Les plus importantes sont l'azotate et l'oxalate.

On connaît aussi plusieurs uréides analogues aux amides, c'est-à-dire des sels d'urée moins les éléments de l'eau, tels sont l'acide allophanique et l'acide oxalurique.

Azotate d'urée. $C^2H^4Az^2O^2,AzO^5,HO$.

Composition :	Prout.	Lecanu.		Lehmann.	Régnault.	
Urée..........	52,63	53,07	53,50	47,00	48,938	48,80
Acide azotique..	47,37	46,93	46,50	52,93	43,781	43,89
Eau...........	»	»	»	»	7,281	7,31
	100,00	100,00	100,00	99,93	100,00	100,00

Ce sel a été obtenu par Cruikshank, Fourcroy et Vauquelin. Prout examina sa composition et crut trouver qu'il était anhydre. Vauquelin, Thénard, et Lecanu surtout, l'étudièrent au point de vue du dosage de l'urée. M. Régnault a fixé sa formule et sa compoition actuelles. Marchand avait annoncé que l'azotate d'urée n'a pas la fixité qu'on lui reconnaît actuellement; il assurait qu'on n'obtient ce sel composé d'un équivalent d'acide azotique monohydraté, et d'un équivalent d'urée, qu'en ajoutant un excès de cette dernière. Il trouva un azotate acide

$$C^2H^4Az^2O^2,2AzO^5,HO$$

et un azotate intermédiaire.

$$2C^2H^4Az^2O^2,3AzO^5+HO$$

Mais Marchand reconnut ensuite que l'on ne peut obtenir ces combinaisons acides d'une manière constante. Heintz attribue ces résultats à la dessication de l'azotate à une température où sa constitution se modifie. Depuis, Fehling et Werther ont confirmé par leurs recherches, les résultats de M. Regnault.

On le prépare en ajoutant à une solution d'urée, peu à peu, et jusqu'à cessation de précipité, de l'acide azotique pur, surtout exempt de produits nitreux. Le vase où se fait l'opération doit être placé dans l'eau froide ou dans un mélange réfrigérant, pour éviter l'échauffement des liquides. L'azotate d'urée se sépare sous forme de prismes ou plus souvent de lamelles et d'écailles blanches, brillantes. Selon la concentration de la solution d'urée, ces lamelles sont simples ou entassées les unes sur les autres. On décante l'excès de liquide, on fait égoutter les cristaux sur un entonnoir et on les dessèche à l'air libre, entre des doubles de papier à filtrer ou sur des briques poreuses.

L'azotate d'urée est inaltérable à l'air, à la température ordinaire; il rougit fortement la teinture de tournesol, il est soluble dans l'eau froide et plus dans l'eau à 100°, difficilement soluble dans l'eau contenant de l'acide azotique, et très-difficilement dans l'alcool renfermant ce dernier acide. Cette propriété fait servir ce sel au dosage de l'urée.

Lorsqu'on mélange une solution concentrée d'azotate d'urée avec de l'acide oxalique, il se forme de l'oxalate d'urée, corps moins soluble que l'azotate.

Si l'on évapore au bain-marie une solution d'azotate d'urée, elle commence d'abord par se concentrer, puis ensuite, quand le degré de concentration est suffisant, on voit se dégager une quantité considérable de bulles gazeuses, et si, après un certain temps, on laisse refroidir, la cristallisation prend un aspect tout différent de celle de l'azotate d'urée; si l'action n'est pas complète, on voit de grandes aiguilles qui traversent le vase et qui sont recouvertes en partie par de petits cristaux d'azotate d'urée; si l'action est complète, ce dernier sel a disparu et on ne retrouve plus que de l'urée libre et de l'azotate d'ammoniaque cristallisés ou dans les eaux-mères. On peut même utiliser cette propriété, pour avoir facilement de l'urée exempte de matières salines laissant un résidu; il suffit alors de reprendre la masse ainsi obtenue par l'alcool éthéré, qui laisse l'azotate d'ammoniaque non dissous; dans cette réaction, la moitié de l'urée disparaît; elle peut se traduire par l'équation suivante :

$$2(C^2H^4Az^2O^2, AzO^5HO) = AzH^3, HO, AzO^5 + C^2H^4Az^2O^2 + 2CO^2 + Az + AzO + 2HO.$$

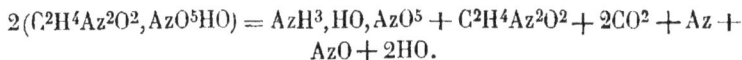

Fehling a observé que lorsqu'on dessèche l'azotate d'urée à 100° pendant quelques heures, il ne perd environ que 1 ou 2 pour cent d'eau. Si on le maintient longtemps à cette température, la perte augmente peu à peu jusqu'à 12 pour cent; le sel est alors fondu et dégage des bulles de gaz. Cette décomposition est encore plus rapide à 120°, le gaz se compose d'abord d'acide carbonique avec $\frac{1}{2}$ ou $\frac{1}{3}$ de volume d'azote; plus tard, c'est de l'acide carbonique pur; on n'observe aucun dégagement de bioxyde d'azote.

Chauffé fortement sur une lame de platine, l'azotate d'urée détone, mais d'après Pelouze, il se décompose à 140° en azotate d'ammoniaque, urée, acide carbonique et protoxyde d'azote; si la température dépasse ce point, le protoxyde d'azote décompose l'acide cyanurique provenant de l'urée, pour donner naissance à une petite quantité d'un corps que Pelouze avait pris pour un acide.

Wiedemann a observé constamment dans ces circonstances la production d'un corps très-soluble dans l'alcool et dans l'eau, qui l'abandonne à l'état cristallisé et uni à deux équivalents d'eau. Ce corps a reçu le nom de biuret, son mode de formation se conçoit facilement.

$$2(C^2H^4Az^2O^2) - AzH^3 = C^4H^5Az^3O^4.$$

Si l'on considère l'urée comme du cyanate d'ammoniaque, le biuret sera du bicyanate d'ammoniaque.

Action du zinc sur l'azotate d'urée. — Si, à une solution d'azotate d'urée on ajoute du zinc, il se produit aussitôt une vive effervescence, le liquide s'échauffe et il se dégage une grande quantité de gaz. Millon qui cite cette réaction d'une manière très-sommaire, ne signale que la production d'azote et ajoute que l'acide nitrique seul est détruit; j'ai repris l'expérience, en introduisant dans un ballon, muni d'un tube abducteur, de l'azotate d'urée avec de l'eau et du zinc en grenailles. Recevant les gaz produits dans une éprouvette graduée, sur la cuve à mercure, j'ai obtenu un mélange gazeux qui, après addition de potasse caustique et d'eau, diminuait très-sensiblement de moitié. Le gaz restant éteignait les corps en combustion et ne contenait pas de bioxyde d'azote. De plusieurs expériences analogues, je puis conclure que, par l'action du zinc en présence de l'eau, l'azotate d'urée produit des volumes égaux d'azote et d'acide carbonique. Il y a aussi formation d'ammoniaque dans la liqueur.

M. G. Bouchardat, en ajoutant du zinc et de l'acide chlorhydrique à l'azotate d'urée, obtient de même des volumes égaux d'azote et d'acide carbonique. Il dose ainsi l'urée en absorbant l'acide carbonique à la manière de Millon. (voir plus loin : Dosage de l'urée).

Sulfate d'urée. — Lorsqu'on chauffe légèrement le mélange de 100 p. d'oxalate d'urée, 125 p. de sulfate de chaux cristallisé et d'un peu d'eau, qu'on traite le mélange par quatre fois son poids d'alcool, et qu'on évapore le liquide filtré, on obtient des cristaux grenus ou des aiguilles d'une saveur fraîche et piquante, que MM. Cap et Henry considèrent comme du sulfate d'urée.

Carbonate d'urée, acide allophanique, $C^4H^4Az^2O^4$. — Le carbonate d'urée n'a pas encore été obtenu, mais il existe une combinaison qui est au bicarbonate d'urée, ce que la carbamide est au bicarbonate d'ammoniaque; cette combinaison est l'*acide allophanique*, qu'on pourrait aussi appeler *acide carburéique* ou *cyanocarbonique*. L'acide allophanique n'est connu qu'à l'état de sel métallique ou d'éther.

Phosphate d'urée. — L'acide phosphorique s'unit facilement à l'urée, en formant avec elle un composé très soluble mais facilement cristallisable, répondant à la formule $Ur^2HO, PhO^5 + Aq.$

Les cristaux conservent leur éclat à l'air, ils appartiennent au prisme rhomboïdal droit.

C'est en étudiant la nutrition du porc, que M. Lehmann a été conduit au résultat qui précède. Exclusivement nourri avec du son, le porc rend de l'urine contenant des phosphates acides de chaux et de magnésie, plus un excédant d'acide phosphorique, que l'auteur considère comme uni à l'urée; c'est ce qui lui a suggéré l'idée de préparer le phosphate d'urée que l'on ne connaissait pas encore.

Chlorhydrate d'urée $C^2H^4Az^2O^2$, ClH. Ce corps se produit lorsqu'on fait passer du gaz chlorhydrique sec sur de l'urée; celle-ci fond et absorbe le gaz. On chasse l'excès d'acide chlorhydrique par un courant d'air ou d'hydrogène sec. Après le refroidissement il se prend en cristaux blancs, feuilletés et radiés, en produisant de la chaleur; ces cristaux se liquéfient à l'air en se décomposant; l'eau les dédouble instantanément. Si on les chauffe à 145°, ils se séparent brusquement en acide cyanurique et en chlorhydrate d'ammoniaque (Erdmann et Krutzsch).

Ferrocyanure de potassium et d'urée (hydro-ferrocyanate de potasse et d'urée). — On a donné ce nom à un mélange d'urée et de ferrocyanure de potassium, mélange qui a été préconisé, sur la foi du Dr Baud, comme succédané du sulfate de quinine, et qui paraît être complétement tombé dans l'oubli. M. Huraut, qui a étudié ce produit, a vu qu'en faisant dissoudre ensemble de l'urée et du ferrocyanure de potassium, on obtient des dépôts cristallins contenant ces deux corps en proportions très-variables et à l'état de simple mélange.

Oxalate d'urée. — $C^2H^4Az^2O^2, C^2O^3, HO.$

Composition :

Urée................	57,18
Acide oxalique......	34,26
Eau................	8,56
	100,00

Ce sel, le plus important après l'azotate, a été étudié par Berzélius, qui en a fait l'analyse et y a trouvé 37,4 pour 100 d'acide oxalique, et par M. Regnault, qui lui a assigné la formule ci-dessus.

Marchand paraît avoir reconnu d'une manière certaine que la combinaison qui se sépare d'une dissolution renferme de l'acide oxalique à 3 équivalents d'eau :

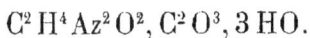

$$C^2 H^4 Az^2 O^2, C^2 O^3, 3 HO.$$

A 100° ou 110°, ce dernier sel perd 2 équivalents d'eau.

On prépare l'oxalate d'urée en ajoutant de l'acide oxalique dissous à une solution concentrée d'urée; il se précipite sous forme de lamelles minces et allongées, de prismes ou d'une poussière blanche, cristalloïde. Sa saveur est franchement acide. Il est moins soluble dans l'eau que l'azotate, et, comme ce dernier avec l'acide azotique, il est moins soluble encore dans l'eau chargée d'acide oxalique. Pour se dissoudre, il exige 23 parties d'eau à 15° et moins d'eau bouillante. L'alcool ($d = 0,83$) en dissout 1/60 de son poids à 16°. Suivant Berzélius, il se combinerait aux oxalates alcalins pour former des sels doubles plus solubles dans l'eau.

Jusqu'à 100°, l'oxalate d'urée ne subit pas d'altération; à 115° il se dégage des gaz en petite quantité, et à 140°—150°, M. G. Bouchardat a vu que l'action de la chaleur sur l'oxalate d'urée donne naissance à des produits complexes : acide carbonique, oxyde de carbone, acide formique, acide cyanhydrique, oxalate d'ammoniaque, urée. A une température plus élevée, on obtient du carbonate d'ammoniaque, de l'acide cyanique et de l'acide cyanurique.

Berzélius a proposé d'employer l'oxalate d'urée à la préparation de l'urée, en le décomposant par le carbonate de chaux pulvérisé, en présence de l'eau ou de l'alcool, il se forme de l'oxalate de chaux insoluble qui reste mêlé à l'excès de carbonate, et l'urée, devenue libre, reste dissoute dans l'eau bouillante ou dans l'alcool, d'où elle se dépose en cristaux par le refroidissement.

Tartrate d'urée. — $C^2 H^4 Az^2 O^2, 2 (C^8 H^4 O^{10} + HO)$. — Ce sel se présente sous la forme de cristaux prismatiques allongés. On l'obtient en évaporant à consistance sirupeuse une solution d'acide tartrique et d'urée. Betz a proposé l'emploi de l'acide tartrique pour doser l'urée dans l'urine; mais, d'après mes essais sur l'urée pure et sur ce liquide, ce réactif ne donne pas de bons résultats.

A la suite des sels d'urée précédemment décrits, on peut en ajouter d'autres, sans importance pratique : l'hydrofluosilicate d'urée (Knop), le sous-chlorhydrate (Dessaignes), le cyanurate, le picrate (Carey-Lea), le benzoate, le bimalate (Dessaignes), le succinate, le gallate, le citrate, le méconate, le parabanate (Hlasiwetz).

L'urée ne peut pas être combinée aux acides acétique, lactique, tannique, formique, urique, hippurique, cinnamique, valérianique (Dessaignes, Hlasiwetz et divers auteurs).

Combinaisons de l'urée avec les oxydes. — L'urée peut former avec quelques bases des combinaisons définies : telles sont celles de l'urée avec l'oxyde de mercure et l'oxyde d'argent.

Combinaisons d'urée et d'oxyde de mercure. — Les combinaisons étudiées par Liebig et Werther sont au nombre de trois :

(*a*). La première ($C^2 H^4 Az^2 O^2, 2 HgO$) se forme lorsqu'on ajoute directement de l'oxyde de mercure à une solution bouillante d'urée. Après vingt-quatre heures, la liqueur filtrée dépose des croûtes cristallines renfermant 2 équivalents d'oxyde de mercure pour 1 d'urée. Il est difficile d'obtenir cette combinaison entièrement exempte de cyanate de mercure.

(b). $C^2H^4Az^2O^2, 3HgO$. — Lorsqu'on ajoute du bichlorure de mercure à une solution d'urée renfermant de la potasse caustique, on obtient un précipité gélatineux que l'eau bouillante transforme en une poudre grenue jaune clair, qui détone par la chaleur.

(c) $C^2H^4Az^2O^2, 4HgO$. — Si, au lieu de précipiter le bichlorure de mercure par une solution alcaline d'urée, on mélange celle-ci avec de l'azotate mercurique, il se produit un précipité blanc, un peu moins gélatineux que la combinaison précédente, mais qui devient aussi grenu dans l'eau bouillante.

Le même précipité blanc se produit lorsqu'on ajoute peu à peu une solution étendue d'azotate de bioxyde de mercure à une solution d'urée également diluée, et qu'on neutralise de temps à autre par de l'eau de baryte ou par une solution étendue de carbonate de soude, l'acide devenu libre dans le mélange; si l'on continue d'ajouter à la liqueur alternativement le sel mercuriel et le carbonate de soude, il arrive un moment où le précipité n'est plus blanc, mais jaune. C'est alors de l'oxyde ou du sous-azotate de mercure, et si on filtre ensuite le mélange, on ne découvre plus d'urée dans la liqueur filtrée. C'est sur cette réaction que Liebig a fondé sa méthode de dosage de l'urée.

Combinaison d'urée et d'oxyde d'argent. — $C^2H^4Az^2, O^2, 3AgO$. — Lorsqu'on ajoute de l'oxyde d'argent récemment précipité à une solution aqueuse et chaude d'urée, il se convertit en une poudre grise, qui se reconnaît au microscope comme composée de cristaux transparents. Ce composé, étant chauffé, se décompose avec incandescence, et laisse un résidu de cyanure d'argent, et finalement d'argent métallique.

Combinaisons de l'urée avec les sels. — L'urée peut se combiner directement avec les sels sans élimination d'eau. Les combinaisons que l'urée forme avec les sels métalliques sont, en général, peu stables et ne paraissent s'obtenir qu'avec des sels dont la solubilité dans l'eau ou l'alcool diffère peu de celle de l'urée. Toutefois, l'affinité de l'urée pour ces sels, plus forte que l'affinité de l'eau pour eux, résiste le plus souvent à des actions décomposantes, au point qu'on peut faire bouillir ces combinaisons ou les traiter par l'acide azotique ou l'acide oxalique, sans que ces agents s'emparent de l'urée. Ce sujet a été étudié par Dumas, Werther, Liebig, Piria, Dessaignes, Neubauer, Kerner, Robin et Verdeil. Werther surtout a décrit avec soin les nombreuses combinaisons qu'il a obtenues.

Chlorure de sodium et d'urée. $C^2H^4Az^2O^2,NaCl+2aq.$ — Une solution, saturée à froid, d'équivalents égaux de sel marin et d'urée, dépose par l'évaporation des prismes obliques rhomboïdaux, très-brillants, ou des octaèdres. Ces cristaux sont légèrement déliquescents; ils fondent à 60,70°, et se décomposent à une température élevée. Ils sont forts solubles dans l'eau; l'alcool absolu ne les décompose qu'en partie. Si l'on ajoute à une solution aqueuse et concentrée de ce sel 10 ou 12 fois son volume d'alcool absolu, il ne se dépose rien, même à la longue; un grand excès d'acide azotique n'y détermine alors pas de précipité. Cette circonstance est à considérer dans l'extraction et le dosage de l'urée de l'urine, car ce liquide renferme toujours des quantités variables de chlorure de sodium; elle est d'un grand inconvénient pour l'extraction au moyen de l'alcool, et une cause d'erreur pour le dosage par le procédé de Liebig.

Une solution aqueuse et concentrée de chlorure de sodium et d'urée est presque complétement précipitée par l'acide azotique. L'acide oxalique y produit à la longue des cristaux d'oxalate de soude ; si l'on concentre le mélange par l'évaporation, il se dépose aussi de l'oxalate d'urée.

La solution du chlorure de sodium et d'urée peut subir l'ébullition sans se décomposer.

Robin et Verdeil ont nommé *chlorosodate d'urée* le corps formé par la combinaison de l'urée avec le chlorure de sodium et le chlorhydrate d'ammoniaque dans les liquides de l'économie.

Chlorhydrate d'ammoniaque et d'urée. $C^2H^4Az^2O^2,AzH^3,Cl\,H$. — Fourcroy et Vauquelin ont décrit sous le nom d'urée une substance cristallisée en lames carrées, minces et colorées, qu'ils obtenaient en traitant l'extrait d'urine par l'alcool chaud, filtrant, et laissant refroidir.

Ils n'ignoraient pas que cette substance contenait de l'ammoniaque et de l'acide chlorhydrique, mais ils laissaient indécis de savoir si c'était comme impureté ou à l'état de combinaison. Il paraît naturel de regarder ces cristaux comme formés par l'union du sel ammoniac et de l'urée.

M. Dumas admet, en effet, que ces deux corps, dissous dans l'eau, se combinent équivalent à équivalent; d'un autre côté, Werther n'a pu réussir à opérer cette combinaison. En évaporant l'urine pour préparer de la créatine, M. Dessaignes a obtenu une grande quantité de cristaux dont l'examen lui a permis d'éclaircir ces contradictions.

Lorsque l'on concentre de grandes quantités d'urine, surtout en la faisant bouillir, une partie de l'urée qu'elle contient se décompose. Dans ce cas le liquide, amené à consistance de sirop, se remplit par le refroidissement de lames cristallines qui sont l'urée de Fourcroy et Vauquelin. On les débarrasse de leur eau-mère par décantation et pression, et comme elles sont déliquescentes, on les purifie en les jetant sur un entonnoir et les abandonnant quelque temps à l'air humide. Il est ainsi facile, après quelques cristallisations, de les avoir entièrement incolores et purifiées du sel marin qui les accompagne d'abord.

Elles se présentent alors tantôt sous forme de tables carrées, dont l'épaisseur peut atteindre 1/2 millimètre, tantôt en longues aiguilles, très-semblables à celles de l'urée pure.

On n'obtient pas cette combinaison en dissolvant équivalents égaux de sel ammoniac et d'urée. Il cristallise d'abord du chlorhydrate d'ammoniaque, mais si l'on éloigne ces derniers cristaux, l'urée chloroammonique, se trouvant en présence d'un excès d'urée, cristallise alors. Aussi suffit-il, pour l'obtenir de premier jet, de dissoudre ensemble deux équivalents d'urée et un de sel ammoniac. Elle est très-stable en présence d'un excès d'urée et peut être recristallisée autant de fois qu'on le veut. Quand elle est pure, au contraire, l'eau la décompose partiellement. M. Dessaignes ajoute que le procédé le plus avantageux pour obtenir le chlorhydrate d'ammoniaque et d'urée, consiste à évaporer de l'urée fortement acidulée par l'acide chlorhydrique. Cette combinaison d'urée, chauffée au bain de sable quand elle est sèche, donne facilement de l'acide cyanurique.

Chlorure de mercure et d'urée. $C^2H^4Az^2O^2, 2HgCl$. — Ce sel s'obtient en mélangeant des solutions bouillantes d'urée et de bichlorure de mercure dans l'alcool absolu. Il forme des cristaux aplatis, fusibles vers 128°, et peu solubles dans l'eau bouillante par laquelle il est décomposé. Ni l'acide azotique, ni l'acide oxalique ne précipitent l'urée de cette combinaison. M. Piria a obtenu une combinaison cristalline donnant, avec la potasse, un précipité blanc correspondant sans doute à l'amide, et qui fait explosion quand on le chauffe.

D'après Werther, l'urée ne paraît pas se combiner avec les chlorures de potassium et de baryum. Le *chlorure de strontium et d'urée* constitue une combinaison extrêmement déliquescente qui n'a pas été examinée.

Neubauer et Kerner ont obtenu des combinaisons cristallisées d'urée avec les *chlorures de cadmium*, *de zinc et de cuivre*.

Azotate de soude et d'urée. $C^2H^4Az^2O^2,NaO,AzO^5+2aq$. — Ce corps se forme par le mélange des solutions bouillantes d'urée et d'azotate de soude; il se dépose par le refroidissement en cristaux prismatiques, commençant à fondre déjà à 35° et décomposables à 140°. La solution aqueuse n'est précipitée ni par l'acide azotique, ni par l'acide oxalique.

Azotate de chaux et d'urée. $3C^2H^4Az^2O^2,CaO,AzO^5$. — Une solution aqueuse, ou plutôt alcoolique d'urée et d'azotate de chaux, laisse déposer, par une évaporation lente sur l'acide sulfurique, des cristaux de ce sel brillants et déliquescents, décomposables par la chaleur. L'acide azotique et la potasse, exempte de carbonate, ne précipite rien de la solution de ce sel; l'acide oxalique donne de l'oxalate de chaux et de l'oxalate d'urée.

Azotate de magnésie et d'urée. $2C^2H^4Az^2O^2,MgO,AzO^5$. — Si l'on abandonne dans le vide une solution d'azotate de magnésie et une solution d'urée dans l'alcool absolu, il se sépare peu à peu de gros prismes rhomboïdaux, brillants, et terminés par une face oblique, déliquescents, fusibles à 85°. L'acide oxalique, même en excès, l'acide azotique et la potasse, exempte de carbonate, ne précipitent pas d'urée de la solution de ce sel, que la température de l'ébullition ne décompose pas non plus.

Azotate d'argent et d'urée. — Il existe deux combinaisons d'azotate d'argent et d'urée.

La première : $C^2H^4Az^2O^2,AgO,AzO^5$, s'obtient en gros prismes rhomboïdaux obliques, par le mélange de solutions concentrées d'équivalents égaux d'azotate d'argent et d'urée. La solution aqueuse étendue de ce sel se décompose par l'ébullition, en donnant du cyanate d'argent; elle est décomposable par l'acide azotique et l'acide oxalique.

La seconde : $C^2H^4Az^2O^2.2AgO\,AzO^5$, s'obtient par l'évaporation dans le vide des solutions des deux corps, mélangées en proportions convenables; elle forme des prismes rhomboïdaux droits (Werther).

Azotates de mercure et d'urée. — Liebig a obtenu les trois combinaisons :

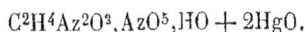

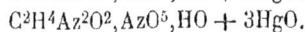

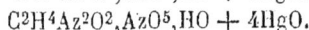

$$C^2H^4Az^2O^2,AzO^5,HO + 2HgO.$$
$$C^2H^4Az^2O^2,AzO^5,HO + 3HgO.$$
$$C^2H^4Az^2O^2,AzO^5,HO + 4HgO.$$

Ces combinaisons s'obtiennent en versant de l'azotate de byoxyde de mercure dans une solution d'urée; on obtient un précipité floconneux qui, abandonné à lui-même, prend l'état cristallin. Les variations dans la composition de ces sels dépendent de la quantité de sel mercuriel ajoutée et de la température.

L'azotate de protoxyde de mercure est en partie réduit à l'état métallique par une solution d'urée.

Les azotates de potasse, de baryte, de strontiane, ne forment pas de combinaisons avec l'urée; ils cristallisent séparément, après avoir été mélangés avec cette dernière.

Essai de l'urée. — Les propriétés de l'urée qui peuvent servir à la caractériser le mieux sont : la forme cristalline de l'azotate et de l'urée elle-même; la volatilité complète de ces deux produits sur une lame de platine chauffée fortement; sa précipitation par l'acide azotique, l'acide oxalique, l'acide tartrique, l'azotate de bioxyde de mercure; le dégagement de volumes égaux d'azote et d'acide carbonique sous l'influence de l'acide azoteux, du chlore, des hypochlorites (en l'absence des sels ammoniacaux).

L'urée du commerce peut contenir, accidentellement ou frauduleusement, des azotates de potasse, d'ammoniaque, de baryte, de plomb, selon le mode d'opération et le carbonate qui aura servi à cet effet, du chlorure de sodium et du chlorhydrate d'ammoniaque. M. E. Marchand a trouvé autrefois, dans une urée du commerce, des proportions énormes d'azotate de potasse, même jusqu'à 50 et 75 p. 100.

L'urée pure, projetée dans de l'acide sulfurique concentré, tenant en dissolution ou en suspension du sulfate de protoxyde de fer pur, ne doit jamais y déterminer de coloration; une coloration rose ou violacée serait l'indice certain de la présence d'un azotate quelconque dans l'urée soumise à cet examen. J'avais douté un instant de la possibilité constante de cette réaction, en me basant sur la propriété connue de l'urée d'être décomposée par les produits nitreux, mais plusieurs expériences pratiquées avec des quantités variables d'urée et d'azotates ont toujours produit une coloration manifeste, ce qui prouve que, dans la réaction de Desbassyns, c'est l'acide azotique qui donne lieu à la coloration caractéristique et non des produits inférieurs de son oxydation.

Si l'urée contient une notable proportion d'azotate d'ammoniaque, ajoutée ou provenant d'une préparation défectueuse, elle fuse ou détone légèrement par projection sur les charbons ardents; il en est de même avec l'azotate de potasse.

Les azotates de plomb et de baryte se reconnaîtront aux caractères de leurs bases. Ainsi la solution aqueuse précipitera en noir par l'acide sulfhydrique, en jaune par l'iodure de potassium, et la solution alcoolique brûlera avec une flamme verte. La présence de ces sels est peu probable dans l'urée, car ils sont insolubles dans l'alcool qui sert à son extraction de l'azotate d'urée.

Quand l'urée provient de l'urine, elle peut retenir du chlorure de sodium ou du chlorhydrate d'ammoniaque; la solution aqueuse précipitera alors par l'azotate d'argent, au lieu de donner un faible louche comme quand elle est pure.

En général, tous les sels fixes se reconnaîtront à leur solubilité plus faible ou nulle dans l'alcool, et par la calcination de l'urée, qui ne doit pas laisser de résidu.

Propriétés toxiques de l'urée. — Aucun traité de toxicologie n'a fait mention, jusqu'à présent, de l'action de l'urée sur l'organisme vivant. Ségalas avait constaté son innocuité. On a vu précédemment que ce corps introduit dans la circulation n'est pas décomposé, et qu'il est rapidement éliminé par l'urine, où l'on constate immédiatement une augmentation. Plusieurs auteurs se contentent de dire que quand l'urée s'accumule dans le sang, elle détermine, par suite de sa transformation en carbonate d'ammoniaque, une série de symptômes qui constituent l'urémie; mais cette opinion est contestable, et diverses théories sont émises au sujet de cette maladie.

M. N. Gallois a démontré que 20 grammes d'urée peuvent donner la mort à un lapin, avec accélération de la respiration, affaiblissement des membres, tremblement, convulsions générales et tétanos. Il insiste sur ce fait, que l'urée naturelle empoisonne les lapins exactement comme l'urée artificielle, et qu'on ne peut imputer la mort aux cyanures qui seraient contenus dans l'urée artificielle, car les réactifs chimiques n'avaient nullement révélé la présence de ces corps dans celle dont il s'est servi. De plus, M. Gallois croit pouvoir conclure de ses expériences que l'urée empoisonne en tant qu'urée et sans se transformer en carbonate d'ammoniaque, car au moment même où ces animaux succombaient, en proie aux accidents les plus aigus, jamais, dans l'air qu'ils expiraient, il n'a pu constater la présence du carbonate d'ammoniaque.

Selon Voit, l'urée n'a rien de vénéneux pour les chiens. De nombreuses expériences lui ont appris que ces animaux supportent sans peine de fortes doses d'urée, à la condition toutefois de pouvoir boire à discrétion. L'urée se retrouve alors intégralement dans les urines; elle n'a donc pas agi sur le sang et n'y a pas été décomposée en carbonate d'ammoniaque (selon l'opinion de Lehmann et Frerichs), ce qu'atteste d'ailleurs cet autre fait de la non-alcalinité de l'air expiré par l'animal mis en expérience. Voit ajoute que l'urée devient toxique lorsqu'elle ne peut être évacuée. Si dans les expériences sur les chiens on empêche ceux-ci de boire, les symptômes urémiques ne tardent pas à se montrer avec une grande intensité. Ce n'est donc pas l'urée qui occasionne ici la mort, ce sont les troubles qui résultent de son accumulation.

Propriétés et usages thérapeutiques. — Ségalas a le premier constaté les propriétés diurétiques de l'urée. Ses observations ont été confirmées par celles de Laënnec et de Fournier. Elle a été employée par Piorry dans l'albuminurie ; dans le diabète, par Dulk et Rochoux ; dans les hydropysies qui suivent les fièvres éruptives, par Rauther (de Vienne), qui l'a vantée comme un puissant diurétique. H. Turner (de Londres) a propagé son emploi. Riecken l'a prescrite dans les infiltrations qui surviennent chez les phthiques et chez les individus atteints de maladies du cœur. On en a vanté les effets dans la néphrite albumineuse.

L'azotate d'urée a été recommandé par Kingdom et Bley contre les hydropisies et les calculs urinaires.

Huraut a décrit le sel connu sous le nom d'hydroferrocyanate de potasse et d'urée ; le Dr Baud l'a proposé comme un excellent fébrifuge ; mais les résultats cliniques ne paraissent pas avoir répondu à son attente, car ce sel est complétement tombé dans l'oubli.

La dose de l'urée est de 0 gr. 05 à 0 gr. 50 centigr., et, d'après Piorry, on peut aller jusqu'à 4 grammes et plus.

Usages de l'urée. — L'urée pure est employée dans les laboratoires pour la purification de l'acide azotique, afin d'enlever à ce dernier les produits nitreux qu'il contient ou qui se forment pendant sa distillation ; cet emploi est fondé, comme on le sait, sur la décomposition de l'urée par l'acide azoteux et l'acide hypo-azotique, qui colorent en jaune verdâtre et en jaune orangé l'acide azotique ordinaire, ou celui qui a été exposé à l'influence des rayons solaires.

Millon qui, le premier a indiqué cette application, a utilisé aussi l'urée dans la préparation de l'éther azotique, pour empêcher la production de l'acide azoteux et rendre calme, régulière, la marche de l'opération. Il est arrivé ainsi à régler complétement l'action de l'acide azotique sur l'alcool et à obtenir l'éther azotique privé d'éther azoteux.

L'urée est employée en médecine, comme il a été dit en parlant de ses propriétés thérapeutiques; mais son usage est très-restreint sous ce rapport.

L'urée pure n'a pas d'usages dans l'industrie, mais c'est elle qui, en se décomposant en carbonate d'ammoniaque, rend l'urine propre à être employée dans les arts et l'agriculture. Ainsi, dès la plus haute antiquité, on se servait de ce liquide dans le dégraissage de la laine; on l'employait en Suède et en Suisse pour la fabrication du salpêtre; on l'a aussi utilisée pour dissoudre l'indigo et se procurer du sel ammoniac pour la préparation de l'orseille, et d'autres produits, pour le rouissage du chanvre et du lin. La préparation de la murexide et de l'acide benzoïque ne doit pas être rapportée à l'urée, mais à l'acide urique de l'urine humaine, et à l'acide hippurique que contient celle des animaux herbivores.

Aujourd'hui, l'urine est employée pour la préparation de divers engrais et des sels ammoniacaux. Les eaux vannes des vidanges, placées dans de grands bassins, sont abandonnées pendant un mois environ; il s'y produit une fermentation qui développe une proportion notable de carbonate d'ammoniaque. La fabrication des sels ammoniacaux repose sur la volatilité de ce sel; on chauffe ces liquides et l'on condense les vapeurs dans de l'acide sulfurique ou de l'acide chlorhydrique étendus. Il se forme du sulfate ou du chlorhydrate d'ammoniaque. Les liqueurs sont ensuite évaporées et mises à cristalliser. Les eaux vannes donnent en moyenne 10 kilogrammes de sulfate d'ammoniaque par mètre cube. Cette industrie prendrait encore un plus grand développement, si l'on ne perdait pas dans les égouts des grandes villes des quantités considérables d'urine. A ce sujet, M. Müller a proposé, comme moyens de concentration, de conservation et d'utilisation des urines, la congélation, la chaleur solaire, la chaux, les acides minéraux en petite quantité, le sulfate de fer, la transformation en carbonate d'ammoniaque, par l'action de la chaleur en vase clos, etc. Nicklès a proposé l'emploi des résidus de la fabrication du chlore, et M. Surun celui de la glycérine impure des fabriques de savon et de bougies. On éviterait ainsi la perte d'un produit très-riche en azote.

CHAPITRE III.

ÉTUDE DE L'URÉE DANS LES DIFFÉRENTS LIQUIDES DE L'ORGANISME.

Ce chapitre comprend les articles suivants :
1° État de l'urée dans l'urine ;
2° Extraction de l'urée et son dosage à l'état de sel ;
3° Recherche de l'urée dans divers produits ;
4° Caractères micrographiques de l'urée.

1° ÉTAT DE L'URÉE DANS L'URINE.

Sous quelle forme l'urée existe-t-elle dans l'urine ? Y est-elle primitivement à l'état libre ou combiné, et, dans ce dernier cas, quelle est cette combinaison ? Telle est la question que se sont posée plusieurs chimistes, et qui a été l'objet des études de Berzélius, Thénard, Liebig, Brandes, Persoz, Cap et Henry, Morin, Lecanu, Dumas, Guibourt, Hünefeld, Lehmann, Bouchardat, Haidlen, Enderlin, Schlieper, Scheerer, Heintz, Boussingault, C. L. Husson.

Parmi ces études, les unes sont en rapport direct avec l'urée, les autres n'en parlent qu'incidemment au sujet de quelques acides qu'on a recherchés dans l'urine. Je vais passer en revue les travaux de ces auteurs.

D'après Persoz, l'urée ne préexiste pas dans l'urine; elle se produit sous l'influence de la chaleur, aux dépens de certains principes de ce liquide, et voici sur quoi il s'appuie : l'urine à — 13° ou — 18°, se congèle de l'extérieur à l'intérieur, en laissant au centre un sirop incristallisable, dans lequel l'acide nitrique ne forme aucun précipité, tandis que chauffé pendant un certain temps, il devient susceptible de former en abondance du nitrate d'urée.

En 1807, Berzélius trouva l'acide lactique dans l'urine et, en 1839, MM. Cap et O. Henry firent une série d'expériences pour prouver l'existence de l'urée à l'état de lactate dans ce liquide. Voici les faits sur lesquels ils fondent leur assertion :

Si, à de l'urine préalablement évaporée en consistance de sirop, puis filtrée après refroidissement, afin d'éliminer la majeure partie des sels, on ajoute une certaine quantité d'alcool concentré, il s'en précipite du lactate d'urée, sous forme de petits grains cristallins acides et hygrométriques. Ce composé, traité par l'alcool bouillant et l'hydrate de zinc, produit du lactate de zinc insoluble dans l'alcool, et de l'urée soluble dans ce liquide.

L'urine évaporée en consistance sirupeuse et filtrée, puis additionnée de carbonate de chaux pour saturer l'excès d'acide qu'elle contient, et enfin concentrée jusqu'à l'apparition d'un nouveau dépôt salin, céderait à un mélange de deux parties d'alcool faible et d'une partie d'éther, du lactate de zinc présentant tous les caractères ci-dessus mentionnés.

En 1844, Liebig reprenant les expériences de Berzélius, s'est d'abord occupé de déterminer l'acide qui se décèle dans l'urine de l'homme et des animaux carnivores. L'acide lactique, dont la présence ne lui semble pas appuyée sur des preuves incontestables, a toujours échappé aux recherches qu'il a tentées sur l'urine fraîche.

Il a eu recours à la putréfaction pour résoudre ce problème : l'acide lactique qui résiste à la putréfaction des urines, ne se rencontre jamais dans les urines putréfiées, mais les acides benzoïque et acétique s'en séparent avec facilité ; ces acides ne semblent pourtant pas exister primitivement dans l'urine fraîche ; l'acide benzoïque dérive de l'acide hippurique, l'acide acétique se forme d'une manière particulière.

Liebig a vainement distillé l'urine fraîche avec différents acides pour en éliminer l'acide acétique, auquel Thénard attribue l'acidité de l'urine.

Haidlen, Enderlin et Schlieper, élèves de Liebig, ont publié qu'il n'existe pas d'acide lactique dans l'urine, dans le lait normal, le suc gastrique et le sang. De plus, Liebig a démontré que l'urée ne pouvait se combiner à l'acide lactique.

Hünefeld croit à l'existence de l'urée à l'état de lactate.

Morin, en discutant l'opinion de Berzélius sur la dissolution des phosphates de l'urine dans l'acide lactique, croit devoir attribuer l'acidité de ce liquide à la présence des phosphates acides.

Scheerer, dans son travail sur les matières extractives de l'urine, a vainement recherché l'acide lactique dans l'urine ; mais, d'après lui, l'acide sulfurique en sépare de l'acide acétique.

M. E. Baudrimont a retiré de l'acide lactique de l'urine et l'a caractérisé par le lactate de zinc.

Lorsqu'on verse un sel de zinc dans le liquide d'où l'on a séparé l'urée et la plupart des sels de l'urine, on obtient un précipité que l'on avait pris généralement pour du lactate de zinc. Heintz, ayant isolé au moyen de l'hydrogène sulfuré l'acide combiné avec l'oxyde de zinc, soutient que cet acide diffère des acides lactique, urique et hippurique.

M. Boussingault a vainement cherché l'acide acétique
dans l'urine du porc ; mais, en suivant la méthode indiquée
par Berzélius pour déceler la présence de l'acide lactique
dans l'urine humaine, il a obtenu de 150 grammes d'urine
de porc, 0 gr. 100 d'un sel soluble de chaux qui avait les
les propriétés qu'on attribue aux lactates. M. Boussingault
croit donc à l'existence de l'acide lactique dans l'urine ; mais
il ne croit pas à celle du lactate d'urée, car dans le résumé
de son analyse, il l'énonce à l'état de lactate alcalin.

Dans des recherches citées par Biot, M. Bouchardat (1839)
assure avoir trouvé dans les urines diabétiques une combinaison ou un mélange de sucre sapide avec du lactate
d'urée, du chlorure de sodium et un peu de matière extractive.

Le lactate d'urée n'existe pas ; en effet, lorsqu'on décompose le lactate de chaux par l'oxalate d'urée, il se forme un
précipité d'oxalate de chaux, et la dissolution, évaporée
dans le vide, laisse déposer de l'urée qui reste libre en
présence de l'acide lactique.

Brandes a trouvé de l'hippurate d'urée dans l'urine de
l'éléphant, et Lehmann du phosphate d'urée dans l'urine de
porc exclusivement nourri de son.

M. Morin (de Genève), dans son Mémoire sur la constitution de l'urine, crut démontrer que l'urée n'est pas libre
dans ce liquide, mais qu'elle s'y trouve combinée avec du
chlore ou de l'acide chlorhydrique dans la proportion de 6 à
8 atomes d'urée pour 1 atome de chlore. En rapprochant
cette composition de celle du nitrate d'urée, qui renferme
1 atome d'acide et 2 atomes de base, M. Morin soupçonna
que l'urée pourrait bien ne pas être toute formée dans l'urine,
mais prendre naissance sous l'influence de l'acide nitrique.
Il tenta donc, pour vérifier ses prévisions, de remplacer
l'acide nitrique par l'acide oxalique dans la préparation de
l'urée, et il observa qu'en faisant agir l'acide oxalique sur
l'urine, on obtient un sel qui n'a pas pour base l'urée, mais

un corps composé de 2 atomes d'azote et de 4 atomes d'hydrogène, et que ce corps, auquel il a donné le nom d'urile, peut être regardé comme le radical de l'urée.

Dans la seconde partie de son Mémoire, M. Morin se propose de déterminer si, dans l'urine, le chlore était combiné avec de l'urée ou avec son radical. Enfin, il conclut comme résultats de ses recherches :

1° Que l'urine ne contient pas de l'urée, mais de l'urile ;

2° Que l'urile se retrouve dans l'urine combinée avec du chlore ou de l'acide chlorhydrique, dans le rapport de 6 à 8 atomes d'urile pour 1 atome de chlore ;

3° Qu'il peut, sous l'influence de l'acide nitrique, donner lieu à la formation de l'urée dont il est le radical.

M. Lecanu a repris les expériences de Persoz, Cap et Henry et de Morin, et il en a consigné les résultats dans son Mémoire sur l'état de l'urée dans l'urine. En voici le résumé :

1° (a) Il a soumis l'urine à la congélation à 10° ou 12° ; la masse obtenue, divisée rapidement et mise à égoutter sur un entonnoir de verre, a laissé écouler un liquide dans lequel l'addition d'acide nitrique ou d'acide oxalique a toujours déterminé la production de cristaux de nitrate ou d'oxalate d'urée.

(b) En soumettant à la congélation l'urine, mélangée avec la moitié de son volume d'acide nitrique, sans intervention de la chaleur, il se forme des cristaux tabulaires de nitrate d'urée.

(c) Dans quelques cas pathologiques, l'urine peut, sans évaporation préalable, donner des cristaux de nitrate d'urée.

(d) L'addition d'acide nitrique détermine aussi cette formation, lorsqu'on a évaporé l'urine sous le récipient de la machine pneumatique, à l'aide de l'acide sulfurique.

On voit donc que l'intervention de la chaleur n'est nullement nécessaire à la production de l'urée, comme le pensait

Persoz, et que cette substance préexiste toute formée dans l'urine.

2° (a) Evaporant l'urine aux 7/8 et filtrant, on obtient une liqueur acide d'un brun foncé. Si, après refroidissement, on ajoute de l'alcool concentré, il se forme des cristaux acides, hygrométriques, qui, lavés à l'alcool froid, ne sont plus déliquescents ni acides, et perdent la faculté de donner, en présence de l'acétate de zinc, de l'urée et du lactate de zinc; ils présentent seulement les caractères des sulfates alcalins, mélangés à une minime proportion de phosphates et de chlorures. C'est à l'interposition de l'acide libre et de l'urée, (que l'on retrouve dans l'alcool de lavage, en l'évaporant à siccité et en plaçant le résidu sur un papier destiné à absorber l'acide) que la masse cristalline avait dû d'abord les propriétés qui lui ont été assignées comme caractérisant le lactate d'urée.

(b) L'urine, réduite en consistance sirupeuse, filtrée, agitée avec du carbonate de chaux, puis évaporée suffisamment pour que, par le refroidissement, il se forme un produit salin, et enfin agitée avec deux parties d'éther, tend à céder (outre des sulfates, des phosphates, des chlorures et de l'acide lactique) un lactate alcalin, de l'urée et du chlorhydrate d'ammoniaque. En effet, évaporant la solution éthérée et reprenant par l'alcool à 95° froid, on en sépare la presque totalité du lactate alcalin, dont il est possible de constater tous les caractères, tandis que l'acide lactique, l'urée, le chlorhydrate d'ammoniaque se dissolvent. En faisant évaporer la liqueur alcoolique, et en comprimant le résidu entre deux feuilles de papier à filtrer, on se débarrasse de l'acide lactique, et alors il est facile de constater que l'urée ne se trouve pas à l'état de combinaison avec cet acide, comme l'avaient annoncé MM. Cap et Henry.

H. Pelouze a, du reste, montré depuis lors, que l'urée peut cristalliser dans l'acide lactique pur et sirupeux sans se combiner avec lui.

3° L'urine, évaporée au bain-marie en consistance sirupeuse, a été délayée dans cinq ou six fois son volume d'alcool. La solution filtrée, puis concentrée également au bain-marie, a donné des cristaux par le refroidissement : la liqueur surnageante, évaporée à siccité et reprise par l'alcool à 95° et froid, a laissé pour résidu une masse solide essentiellement composée de sulfates, chlorures, phosphates, lactates alcalins, un peu de chlorhydrate d'ammoniaque et de l'urée qu'il était possible de reprendre par l'alcool au même degré, mais bouillant. Quant à la solution, elle a donné par évaporation, une matière acide, déliquescente, jaune-rougeâtre, de consistance de miel, extrêmement soluble dans l'alcool, même à la température ordinaire, et susceptible, par son exposition à l'air sur un papier non collé, de se diviser en deux parties :

(a) L'urée est absorbée par le papier auquel on l'enlève ensuite à l'aide de l'alcool ; elle contient entre autres substances, de l'acide lactique libre, du lactate de potasse, de l'urée et du chlorhydrate d'ammoniaque.

(b) La seconde, restée libre, est blanche, en partie aiguillée, en partie lamellaire, inaltérable à l'air, de saveur fraîche. Elle se volatilise sans presque noircir, sous forme de vapeurs blanches, principalement composées de chlorhydrate, de carbonate d'ammoniaque, et en laissant pour résidu, des traces de sulfates, de chlorures, de phosphates et de carbonates alcalins. Les réactifs prouvèrent que le carbonate d'ammoniaque provenait de la décomposition de l'urée. A l'aide de dissolutions dans l'alcool et de cristallisations répétées, on a fini par obtenir : 1° une combinaison d'urée et de chlorhydrate d'ammoniaque en cristaux plus ou moins régulièrement cubiques ; 2° des cristaux prismatiques, plus solubles dans l'alcool que la combinaison précédente, et indiquant de l'urée très-sensiblement pure. C'est donc ce mélange d'urée et de chlorhydrate d'ammoniaque que M. Morin a appelé chlorure d'urile, et l'on doit rejeter l'existence de ce corps, puisque l'urée s'obtient sans l'intervention de réactifs capables de le décomposer. Du reste, l'éther peut enlever de l'urée à l'extrait d'urine.

M. Husson cite dans sa thèse les expériences qu'il a faites sur ce sujet :

1° Il a reproduit la combinaison d'urée déjà signalée par Dumas (chlorhydrate d'ammoniaque et chlorure de potassium).

2° De l'urée fut soumise pendant quarante-huit heures à la dialyse avec l'alcool pour dissolvant, et pour dialyseur, un intestin de porc bien lavé à l'alcool et plongeant dans une longue éprouvette. L'alcool fut ensuite évaporé sous le récipient de la machine pneumatique. M. Husson n'a point obtenu, en opérant ainsi, des cristaux d'urée, mais une masse jaunâtre, déliquescente, grenue, dans laquelle on reconnaissait de petits cubes tout à fait analogues à ceux qu'elle forme en se combinant avec le chlorhydrate d'ammoniaque. Cette masse, abandonnée pendant deux ou trois jours dans une étuve à 40°, a fourni des cristaux d'urée parfaitement caractérisés. Cette chaleur avait suffi pour détruire la combinaison de l'urée avec le chlorhydrate d'ammoniaque.

Des divers travaux que je viens d'énumérer il résulte que :

1° La chaleur n'étant pas nécessaire à l'extraction de l'urée, on ne peut faire intervenir son influence dans la production de cette substance.

2° Le chlorure d'urile est un mélange intime ou une combinaison d'urée et de chlorhydrate d'ammoniaque, ainsi que l'avaient déjà annoncé Dumas et Guibourt.

3° MM. Cap et O. Henry ont pris pour du lactate d'urée, un simple mélange d'urée et d'acide lactique.

4° On peut extraire de l'urée de l'urine, à l'aide de l'alcool seul, par l'évaporation dans le vide, sans avoir recours à l'intermédiaire des agents chimiques.

5° L'urée existe dans l'urine primitivement et à l'état libre.

2° EXTRACTION DE L'URÉE DE L'URINE ET DOSAGE A L'ÉTAT DE SEL D'URÉE.

L'extraction de l'urée de l'urine se liant intimement avec son dosage à l'état de sel, ces deux sujets peuvent être traités ensemble afin de ne pas donner lieu à des répétitions. A la suite des divers procédés d'extraction employés, se trouveront des généralités et les remarques de quelques auteurs.

Procédé de Fourcroy et Vauquelin. Fourcroy et Vauquelin retiraient l'urée en concentrant l'urine en sirop et la traitant par l'alcool très-rectifié ; ce procédé réussit mal en grand, en raison des nombreuses matières que l'urine contient et que la chaleur modifie de manière à les rendre très-solubles et à s'opposer à la cristallisation de l'urée. Il reste de plus avec l'urée des sels solubles dans l'alcool.

Procédé de Vauquelin. — On prend l'urine humaine récente, on la fait évaporer en consistance de sirop clair à une chaleur soutenue, on laisse reposer les sels microcosmiques, et le liquide décanté avec soin est concentré de nouveau légèrement ; quand il est refroidi, on y verse environ les deux tiers de son poids d'acide nitrique pur ; presque aussitôt, il se forme une masse cristalline, confuse, micacée, formée de beaucoup de nitrate acide d'urée. Cette masse, égouttée avec soin, laisse écouler un liquide épais, rougeâtre, extrêmement acide et contenant probablement beaucoup d'urée, ou les éléments de ce principe décomposé ; on le rejette, vu la difficulté d'en retirer le nitrate restant.

Quant au nitrate d'urée, il renferme une grande quantité de mucus ou de matières animales et du phosphate de chaux. Pour obvier à l'inconvénient de faire agir l'alcool à 95°, sur des dépôts trop abondants et pour éviter peut-être la solubilité d'une certaine proportion de matière animale, à l'aide du carbonate de potasse, ainsi que la formation du phos-

phate de cette base, on purifie le nitrate acide d'urée exprimé convenablement en le traitant par l'eau distillée froide
qui laisse le phosphate calcaire et le mucus en partie intacts.
(le nitrate acide peut cristalliser par évaporation). On concentre au bain-marie en consistance de sirop épais et on
ajoute par portion du carbonate de potasse ou de baryte
jusqu'à ce que le liquide soit neutre. On évapore de nouveau à siccité, toujours au bain-marie et le résidu pulvérisé,
mis en digestion dans l'alcool à 95° laisse dissoudre l'urée
qui cristallise lorsque l'alcool en a été évaporé par la distillation. Pour l'obtenir tout à fait décolorée, on ajoute un peu
de charbon animal à la solution alcoolique, on laisse déposer et on filtre; il faut remarquer que le charbon retient une
partie de l'urée.

Ce procédé est défectueux sous plusieurs rapports. L'extrait
sur lequel on fait agir l'acide nitrique contient des chlorures
et des matières extractives qui donnent naissance à de l'a-
cide azoteux dont le contact suffit pour détruire l'urée. Le
nitrate d'urée est soluble dans l'eau, mais moins dans l'eau acidulée par l'acide nitrique. L'urée se combine aux azotates qui
se forment dans l'opération de manière à donner naissance
à des composés cristallisables que l'acide nitrique ne décompose pas ou ne décompose qu'incomplètement. L'emploi prolongé de la chaleur, du carbonate de potasse, la présence du nitrate de potasse formé sont de plus capables
d'altérer une partie du produit.

L'inconvénient de la présence du nitrate de potasse avait
fait proposer par Proust la substitution du carbonate de
plomb à la place du carbonate de potasse, à cause de la
moindre solubilité du nitrate de plomb. Il fallait toutefois
alors bien s'assurer de l'absence de ce nouveau sel dans l'u-
rée obtenue.

Procédés de O. Henry — (a) *avec l'acide tartrique et l'acide
oxalique.* O. Henry chercha à extraire l'urée sans avoir

recours à l'emploi de l'alcool et, pour cela, il essaya de la combiner avec les acides tartrique et oxalique, en agissant sur l'urine concentrée comme avec l'acide nitrique; les solutions acides étaient aussi concentrées que possible. Il recueillit ensuite le sel d'urée formé et, après l'avoir exprimé pour en séparer l'eau-mère visqueuse, il décomposa les sels au moyen de la chaux en léger excès; le traitement par l'eau pure enlevait facilement l'urée qu'il fallait purifier par cristallisation.

Dans ces deux essais, l'acide tartrique n'a pas réussi à O. Henry et quoi que l'autre ait donné des résultats plus satisfaisants, il s'est vu forcé de l'abandonner aussi.

(b) *Par traitement avec l'acétate de plomb et l'acide sulfurique.* — Après les essais précédents, O. Henry s'arrêta au procédé suivant qui lui parut plus économique et dont il retira d'assez bons produits : On verse dans l'urine fraîche un léger excès de sous-acétate de plomb et d'hydrate de ce métal; le dépôt formé renferme, outre les sels formés par l'union du plomb avec divers acides des sels de l'urine, un composé produit aussi par la précipitation du mucus et d'une grande partie de la matière animale.

La liqueur décantée est additionnée d'acide sulfurique, en petit excès, pour séparer tout le plomb et ensuite pour pouvoir réagir, pendant l'évaporation, sur les acétates de soude et de chaux qui ont pu se former. Après avoir séparé le précipité blanc, on concentre rapidement sur un feu soutenu, en mettant aussi dans le liquide une certaine quantité de charbon animal, pendant l'ébullition. Lorsque le tout est en sirop clair, on le passe sur une toile serrée et on l'évapore ensuite d'environ un tiers de son volume; par le refroidissement, la liqueur se prend souvent en une masse aiguillée jaunâtre, formée de beaucoup d'urée et de sels. Les cristaux égouttés et exprimés sont réunis à ceux provenant de l'eau-mère à laquelle on fait subir un traitement semblable ; ainsi privés de la matière brune et visqueuse qui les enveloppait et qui elle-même renfermait encore de l'urée, on les traite par une petite quantité de carbonate de soude, afin de séparer l'acétate de chaux qui pourrait rester et on les met en digestion dans l'alcool à 90°. Ce liquide filtré et distillé laisse pour résidu l'urée, que l'on fait cristalliser de nouveau dans l'eau si on le juge convenable. On agit sur les eaux-mères ci-dessus, en ayant soin de bien purifier les cristaux.

Remarque. — Si la quantité d'acide sulfurique, ajoutée en excès était trop grande, il faudrait en saturer une partie par le carbonate de soude, plutôt que par la chaux, qui pourrait former aussi de l'acétate très-soluble dans l'alcool.

Ce procédé, un peu moins défectueux que celui de Vauquelin, ne laisse pas que d'être imparfait. L'acide sulfurique a l'inconvénient, d'abord de décomposer une certaine proportion d'urée, et de donner aussi naissance à une matière visqueuse qui gêne beaucoup la cristallisation. L'emploi du carbonate de soude et de l'acétate de plomb présentent aussi quelques inconvénients.

Ce procédé ne peut guère être appliqué au dosage de l'urée.

Procédés de dosage de M. Lecanu. M. Lecanu a remarqué que le nitrate d'urée présente une composition constante, et il a appliqué sa propriété d'être peu soluble au dosage de l'urée. Il a donné en 1831 et en 1839 deux procédés comme modification à ceux de Vauquelin et Henry.

(*a*) On évapore rapidement au bain-marie, l'urine jusqu'à réduction au dixième de son poids ; on filtre la liqueur refroidie, afin de séparer les sels microcosmiques ; on verse dans le produit son poids d'acide nitrique pur, on agite pour opérer le mélange et on recueille sur un linge les cristaux de nitrate d'urée produits, on les comprime fortement et on les fait sécher. Il n'est pas nécessaire de laver le nitrate à plusieurs reprises avec de l'eau, ainsi qu'on l'a parfois recommandé, car, par cette manipulation, on dissout une partie du nitrate, surtout par les derniers lavages (parce qu'alors le nitrate privé de son excès d'acide devient très-soluble) et il est facile, d'ailleurs, d'obtenir par la simple compression un nitrate extrêmement peu coloré.

(*b*) Le procédé suivant a été employé par M. Lecanu pour déterminer la proportion d'urée dans l'urine : on évapore 500 grammes d'urée jusqu'à réduction à 40 ou 50 grammes, on verse dans l'urine sirupeuse encore chaude trois fois son poids d'alcool à 90° et on agite quelques instants, on laisse complétement refroidir, on jette le tout sur un filtre, et on lave le dépôt sur le filtre avec de nouvel alcool ; de cette manière on obtient d'une part, l'urée en dissolution dans l'alcool, d'autre part l'acide urique, tant libre que combiné à l'ammoniaque, mélangé aux sels microcosmiques et à ceux que l'alcool avait précipités. Les liqueurs alcooliques sont évaporées au bain-marie jusqu'à réduction à 40 ou 50 grammes ; la capsule, renfermant le produit de leur évaporation, est placée au milieu de l'eau froide et lorsque le refroidissement est complet, on ajoute par petites portions, sans cesser d'agiter, afin de prévenir l'élévation de la température, un poids d'acide nitrique pur égal à celui du produit de l'évaporation, soit 40 ou 50 grammes. Le mélange se prend en une masse cristalline que l'on jette sur un linge, que l'on comprime fortement, après s'être assuré que les eaux mères ne sont plus troublées par l'addition de l'acide. On dessèche au bain-marie le nitrate d'urée, détaché du linge, et finalement, du poids de ce nitrate on déduit par le calcul le poids de l'urée, en partant de cette donnée, que le nitrate contient 53,07 d'urée pour 100. M. Lecanu a aussi indiqué le chiffre 53,50. Prout le fixe à 52,63; M. Regnault à 48,938. (Voir *Azotate d'urée*.)

L'addition d'alcool à l'urine sirupeuse est avantageuse en

cela qu'elle complète la précipitation de l'acide urique et des sels et, par suite, permet de concentrer l'urée sous un très-petit volume, essentiellement favorable à la précipitation ultérieure au moyen de l'acide nitrique sans qu'une portion des sels de l'urine cristallise alors avec le nitrate d'urée.

L'emploi de l'acide nitrique, dans les proportions indiquées, suffit à la complète précipitation de l'urée ; l'emploi d'une plus forte proportion d'acide ne serait pas seulement inutile, il serait nuisible en ce qu'il tendrait à produire une réaction qu'on verrait se manifester par une vive effervescence.

Selon M. Lecanu, la modification qu'il a proposée au procédé de Vauquelin devait permettre d'atteindre le maximum d'urée contenue dans l'urine, quoique sa proportion, obtenue par une expérience directe soit un peu moindre de celle qu'indique le calcul. Il ajoute, en terminant son mémoire sur ce sujet, qu'il n'a pu découvrir dans l'urine la proportion d'urée annoncée par Berzélius, égale à 30|1000, et qu'il ne l'a jamais vue s'élever au delà de 20 à 22|1000, chez les individus dans la force de l'âge et jouissant d'une santé parfaite.

Le procédé de M. Lecanu comporte une partie des erreurs qu'entraîne celui de Vauquelin ; il reste du nitrate d'urée dans les eaux mères et il est à remarquer que l'urée formant avec le chlorure de sodium une combinaison qui, en solution concentrée, n'est pas décomposée par l'alcool, une partie de cette urée échappe au dosage par le nitrate.

Pendant l'évaporation qu'on fait subir à l'urine, une petite partie de l'urée se décompose en carbonate d'ammoniaque sous l'influence des matières qui l'accompagnent dans ce liquide.

Au contact des chlorures, l'acide azotique donne de l'eau régale qui détruit une partie de l'urée ; l'alcool n'élimine qu'une partie de ces sels.

Le nitrate d'urée est toujours impur à une première cristallisation, et quoique peu soluble, il ne peut cependant subir des lavages sans perte. Pour perdre le moins possible de ce sel, il faut plonger à plusieurs reprises, dans de l'eau à la glace, le linge dans lequel il est contenu, et on l'y comprime ensuite entre des doubles de papier à filtrer.

Procédé du Dr Chalvet. 2 grammes d'urine sont évaporés dans une capsule au-dessus d'un bain-marie. Un peu avant la dessiccation complète, on retire la capsule qu'on laisse refroidir et on ajoute de l'acide azotique goutte à goutte, jusqu'à ce que la masse cristalline qui se forme ne retienne plus les dernières gouttes d'acide. On lave cette masse cristalline avec de l'acide nitrique saturé de nitrate d'urée, on fait sécher à une très-douce chaleur et l'on pèse.

Il est à remarquer que le dosage porte sur le nitrate et non sur l'urée pure. Cependant, quelques praticiens trouvent ce procédé suffisamment exact pour les besoins de la clinique.

Procédé de Berzélius par l'oxalate d'urée. Berzélius a appliqué à l'extraction et au dosage de l'urée la propriété qu'a son oxalate d'être peu soluble dans l'eau et d'y être moins soluble encore que le nitrate.

Après avoir évaporé l'urine, on la dessèche aussi exactement que possible au bain-marie et on traite le résidu par l'alcool absolu pour le dépouiller de tout ce que ce menstrue peut lui enlever ; ensuite on retire l'alcool par la distillation au bain-marie. On dissout le résidu jaune dans une petite quantité d'eau, et on le fait digérer avec un peu de charbon animal, ce qui le rend presque incolore. On filtre alors la liqueur ; on la fait chauffer jusqu'à 50°, puis on y dissout autant d'acide oxalique qu'elle peut en prendre à cette température. Par le refroidissement il se dépose des cristaux incolores d'oxalate d'urée. Lorsque pendant la dissolution de l'acide oxalique, on élève la température jusqu'à près de 100°, la liqueur devient d'un brun foncé et acquiert une odeur désagréable. L'oxalate d'urée, qui se dépose ensuite, est rouge ou rouge brun. Cependant, cette couleur peut lui être enlevée par une très-petite quantité de charbon animal. On évapore à une douce chaleur l'eau mère acide qui donne ensuite davantage de cristaux. Lorsqu'elle commence à s'épaissir et qu'elle n'a plus une saveur fortement acide, on en obtient encore beaucoup d'oxalate d'urée en la faisant chauffer et en y ajoutant de nouveau de l'acide oxalique. Après avoir réuni les cristaux, on les débarrasse de l'eau mère en les lavant avec un peu d'eau à la glace, puis on les dissout dans de l'eau bouillante à laquelle on ajoute une très-petite quantité de charbon animal, et l'on filtre la liqueur de laquelle l'oxalate d'urée se sépare en cristaux très-blancs. L'eau mère donne encore, par l'évaporation, une petite quantité de cristaux incolores et elle cristallise jusqu'aux dernières gouttes.

Pour extraire l'urée de l'oxalate ainsi obtenu, on dissout les cristaux dans de l'eau bouillante et on mêle la liqueur avec du carbonate de chaux en poudre très-fine, qui se décompose avec effervescence. Lorsque la liqueur cesse de rougir le tournesol, on la filtre pour la débarrasser de l'oxalate de chaux qui s'est déposé, et on l'évapore ensuite à siccité au bain-marie. De cette manière, on obtient une masse blanche d'apparence saline, qui est l'urée, mais encore mêlée à de l'oxalate alcalin. Cet oxalate peut provenir ou en partie de l'acide oxalique (lorsque celui-ci, comme il arrive quelquefois, contient de l'oxalate de potasse), ou de l'urine elle-même, si l'alcool n'était pas parfaitement anhydre, cas dans lequel il extrait aussi du chlorure de potassium ou du chlorure de sodium; enfin, il se sépare toujours en même temps que l'urée une certaine quantité d'oxalate d'ammoniaque qui provient des sels ammoniacaux extraits par l'alcool, qui vaut d'autant mieux pour cela qu'il est plus concentré et qui laisse, sans la dissoudre, une petite quantité d'une combinaison d'oxalate alcalin et d'urée.

Ce procédé donne l'urée pure, mais il est long et dispendieux ; s'il peut s'appliquer à l'extraction de l'urée, il n'en est pas de même pour le dosage sur un grand nombre d'urines. Dans toute la série de ces opérations il doit y avoir une certaine perte d'urée.

Autre procédé par l'oxalate d'urée. — Ce procédé n'est qu'une abréviation de celui de Berzélius. On concentre l'urine filtrée en consistance sirupeuse et on ajoute alors une certaine quantité d'acide oxalique finement pulvérisé en excès, ou jusqu'à ce que les dernières portions restent indissoutes. Par le refroidissement, le tout se prendra en masse solide par la précipitation de l'oxalate d'urée. On rassemble cette masse demi-solide et on la soumet à une forte pression entre plusieurs doubles de papier à filtrer jusqu'à ce qu'elle devienne sèche et dure. On transfère ce gâteau séché en le brisant le moins possible dans une éprouvette de verre et on ajoute un volume égal d'eau distillée froide ; on agite doucement, et, après quelque temps, on rejette le liquide. On fait bouillir le résidu dans l'eau et on filtre la solution chaude. On chauffe le liquide filtré avec un peu de charbon animal, et ensuite on ajoute graduellement du carbonate de chaux finement pulvérisé, jusqu'à ce qu'il ne se produise plus d'effervescence ; on filtre et on évapore le liquide clair au bain-marie. Ce liquide est une solution aqueuse d'urée, qui, évaporée à un petit volume, déposera des cristaux d'urée. Cette cristallisation peut être obtenue sous la forme de prismes aplatis à quatre pans contenant de nombreuses cavités.

Dosage à l'état d'oxalate. — On évapore l'urine au 1/6 de son volume, on laisse refroidir et on ajoute peu à peu une solution concentrée d'acide oxalique. On décante l'eau-mère, on lave le précipité avec très-peu d'eau, on le dessèche et on le pèse. L'oxalate d'urée contient 57,18 p. 100 d'urée.

Dosage à l'état de tartrate d'urée. — Betz a proposé de nouveau l'emploi de l'acide tartrique pour doser l'urée à l'état de tartrate d'après le fait suivant : Si, dans un tube à essai, on verse 1 volume d'une solution concentrée d'acide tartrique, et ensuite lentement 2 volumes d'urine, l'urée se sépare en touffes micacées, brillantes ou en cristaux prismatiques.

O. Henry avait déjà essayé sans succès cette méthode de dosage. J'ai fait plusieurs essais comparatifs avec l'urine et l'urée pure. Avec l'urine non évaporée préalablement, la séparation du tartrate d'urée est très-longue à s'opérer et est quelquefois nulle. Avec l'urée pure on n'obtient pas les résultats indiqués par la théorie, et la formule attribuée au tartrate d'urée est tout au moins douteuse.

Procédé d'extraction de W. Marcet. — Ce procédé permet d'obtenir directement sous la forme cristalline l'urée libre contenue dans l'urine. « On évapore l'urine à siccité au bain-marie et l'on dessèche le résidu sur l'acide sulfurique. Lorsque la masse est devenue dure et cassante, on la traite à plusieurs reprises par l'alcool bouillant, et décantant après chaque opération. Il faut le répéter jusqu'à ce qu'il reste dans la capsule une masse brune, dure et cassante qui n'abandonne plus de matière colorante à l'alcool. On obtient ainsi un extrait alcoolique de l'urine contenant toute l'urée, un peu de sel marin et ayant une réaction acide très-prononcée. On ajoute alors à cette liqueur une petite quantité d'éther ordinaire, en le laissant descendre le long du vase, de manière à éviter le mélange des liquides. On aperçoit d'abord un précipité nuageux au point de contact des deux couches, puis ce mouvement se communique graduellement audessus et au-dessous ; puis cinq ou six heures après, le précipité a disparu, les bords et le fond du vase se trouvent alors couverts de très-beaux cristaux d'urée. Il faut ajouter de l'éther jusqu'à ce qu'il ne se précipite plus rien, et l'on obtient ainsi directement presque toute l'urée contenue à l'état libre dans l'urine. Il se trouve souvent un peu de sel marin parmi les cristaux, qu'on peut séparer par une nouvelle cristallisation dans l'eau. Cette opération est nécessaire si l'on désire conserver l'urée ainsi préparée, car à peine a-t-on décanté le mélange d'éther et d'alcool que l'urée disparaît, étant en cet état très-déliquescente. »

Extraction par traitement avec la baryte et l'alcool. — On prépare d'abord une solution de baryte en mélangeant 1 volume de solution d'azotate de baryte et 2 volumes d'eau de baryte, les deux liqueurs étant saturées à froid.

On mélange 2 volumes d'urine avec 1 volume de la solution de baryte ; on filtre pour séparer le précipité de phosphate et de sulfate de baryte qui a pris naissance, et l'on évapore à sec, au bain-marie, le liquide filtré. On épuise le résidu par l'alcool ; après avoir filtré, on évapore encore à sec et on traite la masse saline restée comme résidu avec de l'alcool absolu. Cette solution contient de l'urée pure qui, après l'évaporation, cristallise en aiguilles incolores. Si l'urée, ainsi préparée, n'est pas complétement incolore, on peut facilement, en la traitant avec un peu de charbon animal pur, l'obtenir tout à fait sans couleur.

Le premier traitement par l'alcool a pour but de déterminer le départ de la majeure partie des sels ; on broie dans un mortier le résidu de l'évaporation de l'urine déféquée par la baryte, en ajoutant de l'alcool par petites portions. Ce liquide se mêle d'abord au résidu et forme une pâte molle, puis ensuite le contenu du mortier forme une masse plus consistante et même dure, que l'on épuise par le même véhicule. On réunit les liqueurs qui sont troubles, laiteuses, et on les laisse reposer dans un flacon bouché, où elles abandonnent des sels. On ne peut pas filtrer de suite les liqueurs, parce que ces derniers encrassent les filtres et rendent l'opération difficile. Après un repos suffisant, la solution alcoolique est devenue claire et peut être filtrée rapidement. La liqueur filtrée est évaporée de nouveau, et le résidu repris par l'alcool absolu qui détermine une nouvelle précipitation de sels. On retire de ces derniers une grande quantité de chlorure de sodium, qui se purifie par le charbon animal et de nouvelles cristallisations. La solution alcoolique évaporée de nouveau donne enfin de l'urée, qui est toujours colorée en jaune clair ou jaune brun.

Procédé d'extraction par l'acétate de plomb et l'acide nitrique. — Ce procédé, dont je me suis servi pour retirer de grandes quantités d'urée de l'urine, donne les meilleurs résultats. Je lui donne la préférence sur tous les autres, parce qu'il dispense de l'évaporation à l'état d'extrait sec, opération longue et ennuyeuse, parce qu'il exige un emploi moins grand d'alcool, et parce qu'il donne un nitrate d'urée blanc du premier coup : on traite l'urine par le sous-acétate de plomb en léger excès, on laisse déposer l'abondant précipité qui se forme et on filtre. Dans la liqueur filtrée, on fait passer un courant d'acide sulfhydrique, pour séparer l'excès de plomb, jusqu'à ce que le sulfure formé se réunisse en masse au fond du vase et laisse au-dessus de lui une liqueur presque limpide. On filtre et on évapore la liqueur obtenue, au bain-marie, en consistance de sirop clair. On laisse refroidir et on place ensuite le vase contenant le liquide évaporé dans de l'eau froide. On y ajoute par petites portions, en agitant, de l'acide nitrique pur, jusqu'à cessation de précipité. Il se forme alors une masse abondante de cristaux feuilletés de nitrate d'urée très-brillants, et il se dégage en même temps une assez grande quantité d'acide acétique. On sépare le nitrate d'urée de l'eau-mère et on le fait égoutter sur un entonnoir de verre dont la douille est munie de coton ; on comprime les cristaux entre plusieurs doubles de papier à filtrer, on l'étend sur le même papier pour le faire sécher à l'air libre, et on le couvre de briques ou de poids afin d'opérer une certaine pression. On obtient ainsi un nitrate d'urée très-blanc ou tout au plus, dans quelques cas, très-légèrement coloré. Il ne reste plus ensuite, pour obtenir de l'urée pure, qu'à traiter la solution de ce sel par le carbonate de baryte, évaporer à siccité et traiter par l'alcool selon la méthode ordinaire.

Ce procédé paraît peut-être long au premier abord, mais la netteté des résultats qu'il donne le met bien au-dessus du procédé par la baryte et l'alcool.

Dans des recherches bibliographiques ultérieures, j'ai vu que ce procédé avait déjà été employé, en 1836, par M. Morin (de Genève), avec cette différence qu'après le traitement par l'acide sulfhydrique et l'évaporation, il dissolvait le produit de cette dernière dans l'alcool bouillant, évaporait de nouveau et traitait par l'acide nitrique.

Remarque. — La liqueur provenant du traitement de l'acide sulfhydrique est fortement acide et répand l'odeur de l'acide acétique. Aussi ne faut-il pas pousser trop loin l'évaporation de cette liqueur, car alors l'acide acétique réagit sur l'urée, avec production de carbonate d'ammoniaque. et altère une partie du produit qui présente la réaction alcaline. La même chose se passe lorsqu'on chauffe l'acide acétique avec de l'urée pure.

M. Würtz. dans sa *Chimie médicale*, indique une partie de ce procédé, mais sans parler du traitement par l'acide azotique, qui est nécessaire pour les raisons énoncées précédemment. L'extraction directe de l'urée est une opération infructueuse.

Recherche de l'urée dans les urines diabétiques. — On avait admis autrefois, à tort, que l'urée disparaissait des urines diabétiques. Voici comment M. Bouchardat s'y est pris pour en constater la présence et la doser : On prend le résidu de l'évaporation et de la cristallisation des urines diabétiques; on le divise et on le traite à diverses reprises par l'éther alcoolisé; on évapore à une douce chaleur, on reprend le résidu par une suffisante quantité d'eau, on filtre, et, en ajoutant quelques gouttes d'acide nitrique, on obtient des cristaux de nitrate d'urée.

On n'obtient probablement pas ainsi toute l'urée; il peut en rester, malgré les nombreux lavages à l'éther alcoolisé; de plus, une partie peut s'être convertie, pendant les dernières opérations, en carbonate d'ammoniaque.

Recherche de l'urée dans l'urine des nouveau-nés. — Comme Moore n'avait pas trouvé d'urée chez un fœtus, mon ami le Dʳ Quinquaud, dans ses nombreuses recherches, a voulu s'assurer si elle existait chez le nouveau-né. Il s'est servi du procédé suivant, que l'on pourra employer toutes les fois que l'on aura à rechercher de petites quantités d'urée dans un liquide :

On fait évaporer l'urine à la température ordinaire, en présence de l'acide sulfurique, sous le récipient de la machine pneumatique; on reprend le résidu par l'alcool, on fait évaporer de nouveau le liquide et on reprend le dernier résidu par l'eau distillée; on verse le tout dans un petit tube refroidi par la glace, et on y ajoute de l'acide azotique; il se forme alors un dépôt cristallin d'azotate d'urée à prismes hexagonaux.

Recherche de petites quantités d'urée. — En général, pour rechercher de petites quantités d'urée, il faudra évaporer le liquide au bain-marie, ou mieux encore à froid en présence de l'acide sulfurique, ou sous la machine pneumatique. On épuise le résidu de l'évaporation par de l'alcool absolu jusqu'à ce que ce dernier passe incolore. On laisse évaporer cette solution alcoolique à l'air libre ou à une très-légère chaleur; on redissout le résidu dans un peu d'eau distillée, et on place le liquide dans un tube à essai refroidi par de l'eau ou de la glace, où l'on verse quelques gouttes d'acide azotique pur ou de solution d'acide oxalique. Il se produira de petits cristaux d'azotate ou d'oxalate d'urée.

L'emploi de l'alcool pour extraire l'urée du résidu de l'évaporation est très-utile pour la recherche de petites quantités et surtout pour les recherches au moyen du microscope.

On a cité des cas où l'urine contenait de très-grandes quantités d'urée au point d'être précipitée directement par l'acide nitrique. Pour reconnaître si dans une urine l'urée est en excès ou du moins abondante, on en place quelques gouttes dans un verre de montre avec un peu d'acide nitrique et on le dispose sur de l'eau très-froide. Il se formera des cristaux de nitrate d'urée.

On peut aussi opérer de la même manière sur le porte-objet du microscope.

Généralités et observations diverses. — L'urine dans laquelle on veut chercher ou doser l'urée doit être préalablement filtrée, lorsqu'elle contient des flocons muqueux, du pus, de l'épithélium ou des globules sanguins. Si elle contient de l'albumine, il faut coaguler celle-ci; pour cela, on ajoute au liquide quelques gouttes d'acide acétique, on porte à l'ébullition et on filtre pour séparer l'albumine coagulée qui aura entraîné avec elle les autres matières étrangères.

Lorsqu'il s'agit d'urines bilieuses, il faut d'abord précipiter la matière colorante par l'acétate de plomb.

Pour doser l'urée dans les urines diabétiques, il faut avoir recours de préférence aux procédés de dosage par décomposition et éviter de détruire le sucre par la fermentation, à l'aide de la levûre de bière, comme l'indiquent quelques auteurs, car l'urée fermente et se détruit en même temps que le glucose.

L'urine ammoniacale ne doit pas être évaporée sans neutralisation préalable de cet alcali; cette urine n'éprouve pas d'altération sensible lorsqu'on l'a neutralisée par l'acide sulfurique avant l'évaporation. Le mucus particulier rendu dans certaines affections de la vessie, qui se trouve dans les urines ammoniacales, perd ainsi son action fâcheuse sur les principes constituants de l'urine; il en est de même de l'albumine, qui se coagule et devient moins propre à opérer des décompositions qu'à l'état non coagulé.

Action de la chaleur prolongée sur l'urine. — Une précaution fort importante dans l'examen chimique de l'urine, c'est de chercher à atténuer autant que possible l'altération qu'elle éprouve pendant l'évaporation. On peut inférer des recherches de Lehmann sur ce sujet, que c'est moins l'élévation de la température que la prolongation de l'évaporation qui exerce une fâcheuse influence. La plupart du temps, lors même que l'évaporation d'une urine a lieu au bain-marie exclusivement, le résidu de son évaporation est alcalin et fait effervescence avec les acides. C'est que l'urée s'est en partie transformée en carbonate d'ammoniaque, surtout dans les derniers moments de la concentration; un papier de tournesol rougi, suspendu au-dessus du vase où se fait l'opération, bleuit très-rapidement. Cette décomposition facile de l'urée en carbonate d'ammoniaque, rend inexactes les méthodes de dosage, qui exigent cet emploi prolongé de la chaleur.

Pour parer en partie à cet inconvénient, Lehmann concentre l'urine ainsi que la majeure partie des autres fluides organiques dans une cornue tubulée, munie d'un récipient également tubulé; un courant d'air, desséché par le chlorure de calcium, entraîne continuellement les vapeurs aqueuses dans le récipient, dont la tubulure communique, par un tube de verre hermétiquement adapté, avec un aspirateur.

L'évaporation dans le vide serait très-avantageuse; mais elle ne pourrait s'appliquer qu'à de petites quantités.

Millon prétend avoir constaté que l'évaporation, même au

bain-marie, influe d'une telle manière sur la constitution de l'urine, que ce liquide perd depuis 10 jusqu'à 50 pour 100 de l'azote qu'il renferme. Mais les recherches plus récentes de Boussingault ont montré que ces chiffres sont beaucoup trop exagérés.

Emploi de la dialyse. — L'urine dialysée cède au vase extérieur des sels et son urée ; si l'on évapore, on peut extraire directement celle-ci du résidu sec. On peut isoler l'urée de la même façon dans les liquides, où l'on se trouve en présence de colloïdes organiques. Graham a constaté qu'un demi-litre d'urine, soumis pendant vingt-quatre heures à la dialyse, abandonnait à l'eau tous ses éléments cristalloïdes, et qu'on pouvait, à l'aide de l'évaporation et de l'alcool, en extraire l'urée à un état de pureté qui permet de l'obtenir en touffes cristallines.

Mais, ici comme ailleurs, la dialyse n'a pas tenu ce qu'elle semblait promettre, et il n'y a pas d'avantage à s'en servir pour l'extraction de l'urée. Si l'on obtient l'urine privée des matières colloïdes, elle reste néanmoins mélangée à tous les sels qui ont traversé comme elle la membrane osmotique. En outre, la quantité d'eau nécessaire pour opérer la dialyse, vient s'ajouter pour prolonger l'évaporation. On pourrait, de préférence, opérer la dialyse avec l'alcool fort, qui ne dissoudrait que l'urée ; mais ce procédé ne serait applicable qu'à de petites quantités et à des recherches particulières.

Purification du nitrate d'urée. — Lorsque l'on retire de grandes quantités de nitrate d'urée de l'urine, pour le faire servir à la préparation de l'urée, on obtient toujours des cristaux fortement colorés en brun rougeâtre. On les décolore ordinairement, et quelquefois d'une manière incomplète, par le charbon animal. D'après M. Roussin, on réalise aisément cette purification en dissolvant le nitrate d'urée, ou l'urée elle-même, s'il y a lieu, dans une demi partie d'eau, additionnée d'un dixième d'acide nitrique, faisant bouillir et ajoutant dans la liqueur bouillante du chlorate de potasse pulvérisé jusqu'à décoloration. Dans cette opération, il se produit un dégagement de gaz chlorés qui détruisent la matière colorante et aussi une partie de l'urée. Mais la perte d'une petite partie de l'urée est bien compensée par la beauté et la pureté du produit que l'on obtient. Du reste, dans l'emploi du charbon animal comme décolorant, on perd aussi une certaine quantité d'urée, et la décoloration n'est pas aussi nette.

M. Leconte a tenté, en 1849, de doser l'urée à l'aide du permanganate de potasse ; dès ses premiers essais, il lui fut facile de constater que l'urée pure, en dissolution dans l'eau, ne décolore le permanganate ni à froid ni à chaud ; cependant, lorsqu'on traite l'urine par le même réactif, elle en décolore une assez grande quantité par suite de l'oxydation des matières organiques qu'elle renferme. M. Leconte renonça donc à l'idée de doser l'urée par le permanganate de potasse, mais il ajoute qu'on peut, avec avantage, faire usage de ce réactif pour extraire facilement l'urée que renferme l'urine.

Je n'ai pas eu connaissance du mémoire dans lequel M. Leconte se proposait d'étudier ce sujet, et les quelques expériences que j'ai tentées ne m'ont pas donné de résultats bien satisfaisants.

Scheerer, dans ses travaux sur l'analyse élémentaire des matières extractives de l'urine, sépare ces dernières de l'urée et de l'acide urique par l'emploi successif du nitrate de baryte, de l'acétate neutre de plomb et du sous-acétate de plomb : « Après l'addition du nitrate de baryte, on filtre ; l'acétate neutre de plomb donne un second précipité, qui est également recueilli par filtration, et l'acétate tribasique fournit un troisième précipité qu'on sépare comme les précédents. A la suite de ces divers traitements, l'urine ne contient plus que de l'urée, Scheerer y a vainement cherché l'acide lactique, mais l'acide sulfurique en sépare de l'acide acétique. »

L'auteur ne s'explique pas sur l'origine de cet acide acétique ; mais, comme il est facile de s'en assurer, et à cause de la grande quantité qui s'en dégage, il provient certainement de l'acétate de plomb employé.

D'un autre côté, M. Ramon de Luna a vu que toutes les matières albuminoïdes peuvent être précipitées au moyen d'une solution d'azotate de cuivre ammoniacal, et il ajoute que l'urine, ainsi purifiée et filtrée, peut être avantageusement employée à l'extraction de l'urée.

3°. RECHERCHE DE L'URÉE DANS DIVERS PRODUITS.

L'urée existe dans plusieurs composés autres que l'urine, et notamment dans le sang. Quelques auteurs ont indiqué les méthodes qu'ils ont suivies pour sa recherche et son extraction ; il ne sera pas inutile de les énumérer, afin de pouvoir les employer telles qu'elles ont été décrites ou avec les modifications qui paraîtront nécessaires.

Recherche de l'urée dans le sang. — Le sang est le liquide de l'économie qui, après l'urine, contient le plus d'urée, à l'état physiologique et pathologique :

1° Dans leurs célèbres expériences, faites en 1823, Prévost et Dumas soumirent le sang recueilli après la néphrotomie, à la recherche de l'urée. Le sérum et le caillot desséché furent traités par l'eau bouillante à plusieurs reprises ; l'eau évaporée laissa un résidu qui fut repris par l'alcool ; le poids du résidu de l'évaporation de cet extrait alcoolique était le double du poids du résidu alcoolique fourni par le sang normal du chien. En redissolvant dans une très-petite quantité d'eau les substances que l'alcool avait dissoutes, et en ajoutant de l'acide nitrique, on obtint une masse blanche de nitrate d'urée ; ce sel fut purifié par plusieurs cristallisations. 160 grammes de sang d'un chien qui vécut sans reins pendant deux jours fournirent plus de 1 gramme d'urée. Prévost

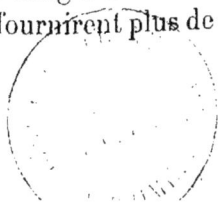

et Dumas firent l'analyse élémentaire de l'urée qu'ils retirèrent ainsi du sang d'un chien néphrotomisé, et obtinrent, en la décomposant par l'oxyde de cuivre, 48 centimètres cubes d'azote pur et 51 centimètres cubes d'acide carbonique sur 100 du mélange gazeux, c'est-à-dire sensiblement volumes égaux d'azote et d'acide carbonique, ce qui caractérise l'urée pure. (Cette propriété a servi de base au procédé de dosage de M. Gréhant et à un procédé que je propose et qui sera décrit plus loin.)

2° MM. Claude Bernard et Barreswill ont répété les expériences de Prévost et Dumas, en apportant au procédé de recherche quelques modifications. Le sang était coagulé par l'alcool, puis exprimé fortement dans un linge de toile. Le liquide obtenu était évaporé à siccité au bain-marie, puis repris par l'alcool concentré, qui dissout l'urée. Enfin, le résidu de l'évaporation de la liqueur alcoolique était dissous dans une très-petite quantité d'eau, traité par l'acide nitrique, et soumis à une température inférieure à 0° dans un mélange réfrigérant de sulfate de soude et d'acide chlorhydrique, pour favoriser la cristallisation de l'urée.

MM. Bernard et Barreswill, pour juger de la sensibilité du procédé, injectèrent 1 gramme d'urée dans le sang d'un chien, et trouvèrent du nitrate d'urée dans 100 grammes de sang recueillis peu de temps après.

3° M. Hervier a extrait l'urée du sang, et il fait précéder la description de sa méthode, de remarques générales importantes à connaître. Pour extraire l'urée du sang, les procédés à suivre sont plus compliqués que lorsqu'il s'agit de l'urine. Le sang contient des substances, soit grasses, soit d'une autre nature, qui se dissolvent dans l'alcool; en traitant du sang évaporé par de l'alcool, on aurait un mélange de divers corps qui masqueraient la présence de l'urée, surtout lorsqu'elle existe en petite quantité. Il faut donc d'abord coaguler le sang défibriné avec son volume d'eau, le filtrer sur un linge et l'évaporer au bain-marie; on mélange le liquide, évaporé à consistance sirupeuse, avec son volume d'alcool à 90°, il se forme un précipité que l'on sépare du liquide. La solution alcoolique est évaporée, puis traitée par de l'acide oxalique, qui décompose les savons et rend les graisses insolubles; on traite la liqueur filtrée par de l'éther qui enlève tout l'acide hippurique, et qui forme une couche supérieure que l'on peut séparer, la couche inférieure neutralisée par du carbonate de chaux, est évaporée de nouveau, puis séchée dans le vide; on traite alors la masse séchée par de l'alcool absolu froid, qui dissout presque uniquement l'urée, qu'on peut obtenir en cristaux ou en combinaison avec l'acide nitrique et l'acide oxalique. Si l'on ne prend pas toutes ces précautions, il sera très-difficile de reconnaître une très-petite quantité d'urée, l'azotate d'urée et l'urée elle-même ne cristallisant que dans des solutions assez pures. Le Dr Hervier a pu ainsi démontrer la présence de l'urée dans le sang de l'homme, en opérant sur 200 à 250 grammes de liquide seulement. Le sang provenait de malades atteints de rhumatisme, de pneumonie et d'érysipèle.

4° M. Picard a fait de nombreuses recherches de l'urée dans le sang, et il s'est servi de deux procédés :

(a Le sang (100 à 150 grammes), immédiatement après avoir été recueilli, est mélangé avec son volume d'alcool à 96°; le mélange, acidulé par quelques gouttes d'acide acétique, est chauffé au bain-marie, puis reçu sur un filtre en calicot pour être exprimé à l'aide d'une presse puissante. Le gâteau obtenu est pulvérisé et traité de nouveau par l'alcool et soumis une seconde fois à l'action de la presse. Les liqueurs réunies sont rapidement évaporées au bain-marie, en ayant soin d'ajouter 2 à 3 grammes de sulfate de chaux, vers la fin de l'opération, pour faciliter la dessiccation. Le résidu est traité par l'acool; la solution est évaporée au bain-marie. Le produit de cette deuxième opération est repris par un mélange d'une partie d'éther et de deux parties d'alcool à 96° qui ne dissout que l'urée, des matières grasses et des traces de chlorure de sodium; on reprend par l'eau qui dissout l'urée et des traces de matières organiques qu'on précipite par quelques gouttes de sous-acétate de plomb; on se débarrasse de l'excès de plomb par un courant d'hydrogène sulfuré; on filtre, puis on évapore au bain-marie. On peut reconnaître l'urée au microscope en reprenant le résidu par l'alcool.

(*b*) Dans le second procédé, M. Picard recherche l'urée dans le sang à l'aide du procédé de dosage de Liebig, qui consiste à précipiter l'urée en solution aqueuse, par le nitrate de bioxyde de mercure. Mais il faut d'abord faire un extrait alcoolique du sang par le procédé de MM. Claude Bernard et Barreswill. On redissout dans l'eau le résidu du second extrait alcoolique, puis on précipite l'urée par le sel de mercure. On juge que toute l'urée est précipitée quand une solution de carbonate alcalin produit dans la liqueur un précipité jaune d'oxyde de mercure. Hoppe-Seyler reproche à ce procédé d'indiquer trop d'urée, parce qu'une partie de l'azotate de mercure, en présence du chlorure de sodium que contient toujours l'extrait du sang, se convertit en bichlorure de mercure qui échappe à la combinaison avec l'urée, et, en outre, parce que les phosphates précipitent de l'oxyde de mercure. Mais, comme le fait remarquer M. Gréhant, ces causes d'erreur sur le chiffre absolu de l'urée contenue dans le sang, n'enlèvent rien de leur valeur aux recherches de M. Picard, qui ont toujours été faites d'une manière comparative.

M. Picard rappelle que déjà, en 1841, Simon, en opérant sur 8 kilogrammes de sang de veau, a obtenu des cristaux de nitrate d'urée, et que Garrod a retiré de l'urée de 2 kilogrammes de sang humain.

5° Il est à remarquer que Marchand a prouvé que la méthode analytique qui consiste à coaguler le sang par la chaleur au bain-marie et à évaporer le liquide filtré, offre de graves erreurs dans son application. Ainsi, de 1 gramme d'urée dissous dans 200 grammes de sérum, il n'a pu retirer que 0 gr. 20 cent. en coagulant l'albumine par la chaleur. Il a vu encore, qu'en se servant d'alcool pour éliminer l'albumine, sur 1 gramme d'urée introduit dans le sérum, il n'en retirait que 0 gr. 75 cent. Dans ce dernier cas, l'erreur est compensée par une autre, l'alcool dissolvant certains sels dont la solubilité se trouve même augmentée par la présence de l'urée.

6° Hoppe-Seyler et Kühne emploient le procédé suivant : le sang est, avant la coagulation, versé dans quatre à cinq fois son volume d'alcool rectifié ; le coagulum est soumis à la presse, la liqueur filtrée est faiblement acidifiée par l'acide acétique, de sorte qu'à l'ébullition, l'albumine restée encore en dissolution est coagulée ; l'extrait clair est évaporé au bain-marie, et le résidu est épuisé par un mélange d'alcool absolu et d'éther. Le liquide, filtré ainsi obtenu laisse, par évaporation, un résidu duquel l'acide azotique peut précipiter de l'azotate d'urée en cristaux. Ceux-ci sont toujours rendus impurs par des corps gras ; il faut les purifier de nouveau sur un filtre avec un mélange d'alcool et d'éther. Enfin, on peut les faire cristalliser, après les avoir dissous dans un peu d'eau chaude.

7° On précipite l'albumine et la plus grande partie des sels, en traitant le sang par l'alcool ou un mélange d'alcool et d'éther ; on fait évaporer, on reprend le résidu par l'eau, et, pour précipiter les phosphates, on verse dans la solution un mélange de 1 p. de solution de nitrate de baryte et de 2 p. d'eau de baryte ; on filtre. Par un courant d'acide carbonique, on précipite l'excès de baryte, et l'on chauffe légèrement ; la liqueur filtrée est évaporée au bain-marie, en consistance de sirop ; on y recherche alors l'urée au moyen de l'acide azotique et de l'acide oxalique.

On peut aussi précipiter l'urée par l'azotate de bioxyde de mercure, d'après la méthode de Liebig, employée par M. Picard, décomposer le précipité d'urée et d'oxyde de mercure

par l'acide sulfhydrique, filtrer, évaporer, et reprendre par
l'eau (Hoppe-Seyler, Gorup-Besanez).

8° *Travaux de M. Gréhant*. — Un grand nombre de questions sur l'élimination et la formation de l'urée ne peuvent
être résolues que par l'extraction et le dosage de l'urée dans
le sang; M. Gréhant s'est efforcé de rendre ces opérations
aussi parfaites que possible; la série des opérations suivantes
conduit à une réussite certaine. Le sang pris dans une artère ou dans une veine, à l'aide d'une seringue, est injecté
dans un flacon à l'émeri à large col, pesé à l'avance, et agité
dans le flacon assez longtemps pour que la fibrine se sépare; puis on ajoute au sang le double de son volume d'alcool à 90°; après l'agitation, on abandonne le mélange jusqu'au lendemain, pour que l'alcool coagule complétement
l'albumine contenue dans le sérum, et celles que contiennent les globules. On peut modifier légèrement ce procédé
en versant d'abord de l'alcool dans le flacon avant de le peser, puis le sang est introduit dans le liquide, et il n'est
plus nécessaire de le défibriner.

La bouillie de sang est soumise à la presse, et pour sou-
mettre simultanément à l'expression un certain nombre d'é-
chantillons de sang coagulé par l'alcool. M. Gréhant a fait
construire plusieurs formes mobiles de bois doublé de métal,
sur un modèle que Cl. Bernard a fait construire autrefois.
Dans une pièce de bois, on a creusé une cavité de forme rectangulaire, dont le fond est plein et dans laquelle est en-
châssé un vase de cuivre étamé, présentant un bec pour
l'écoulement des liquidds; une seconde pièce de bois, re-
couverte de métal, présente, en relief, exactement le moule
de la première. On étend sur chaque forme creuse un linge
de calicot, mouillé d'abord avec de l'alcool; les bouillies de
sang sont versées sur les linges, et le liquide s'écoule,
en partie, dans des capsules de porcelaine. Lorsque l'égouttage est terminé, le linge est replié de manière que les bords
se recouvrent et donnent un liquide transparent, légèrement

coloré en jaune, tandis que le tourteau coloré retient toute l'hémoglobine, l'albumine et la fibrine coagulées. Si le poids du sang de chien employé est égal à 28 grammes, le tourteau pèse environ 12 grammes ; le tourteau se détache très-bien du linge, et on le pulvérise facilement dans un mortier. La poudre obtenue est broyée avec un volume d'alcool égal au volume primitif du sang, un second égouttage et une seconde expression, dans le même linge, fournissent une nouvelle quantité de liquide incolore.

Les extraits alcooliques sont ensuite évaporés, soit au bain-marie, soit, ce qui est plus commode, dans une étuve qui est chauffée au gaz, jour et nuit, et qu'il n'est pas nécessaire de surveiller. Cette étuve est une modification importante de celle de Gay-Lussac ; elle peut être munie d'un régulateur de température qui permet de chauffer à une température déterminée : 90°, 70° par exemple ; je renvoie pour la description détaillée et la figuration de ces appareils au mémoire original de M. Gréhant (1).

L'extrait alcoolique desséché de 25 grammes de sang qui suffisent pour une analyse exacte de l'urée, est très-peu abondant ; il est de couleur jaunâtre et renferme de l'urée, des sels et quelques matières extractives. M. Gréhant dissout dans l'eau le résidu sec et dose l'urée par le procédé qu'il a indiqué et qui sera décrit à l'article *Dosage de l'urée*.

Recherche de l'urée dans le lait. — L'urée avait déjà été signalée dans le lait par Bouchardat et Quevenne.

(a) M. J. Lefort a extrait de l'urée du lait et il a suivi le procédé suivant : 8 litres de petit lait provenant de 2 vaches en

(1) M. Gréhant. Recherches physiologiques sur l'excrétion de l'urée par les reins. In Bibl. de l'École des Hautes-Études, sect. des sciences naturelles. Tome 1. 1869. p. 265 à 298. Revue scientifique, n° 21, 18 nov. 1871, p. 492 à 500.

parfaite santé, ont été évaporés un peu au-dessous de 100° et de temps en temps on séparait par la filtration les matières caséeuses et albuminoïdes qui se précipitaient peu à peu. Le liquide, amené ainsi en consistance sirupeuse, a abandonné après son refroidissement une grande quantité de sucre de lait, imprégné de quelques-uns des sels les moins solubles du lait. La partie liquide séparée du dépôt a été versée dans de l'alcool à 85°, et on a chauffé le mélange au bain-marie, afin de permettre à l'urée de se dissoudre entièrement dans le véhicule hydroalcoolique. La solution a été filtrée et concentrée au bain de sable jusqu'en consistance de sirop, et celui-ci a été mis en contact avec de l'acide nitrique concentré et pur. Après 48 heures, il s'était formé un abondant dépôt coloré en jaune, très-soluble dans l'eau, qui renfermait, avec du nitrate d'urée, une proportion notable de nitrate de potasse, en raison de l'état de concentration et d'acidité du mélange. La solution aqueuse, traitée par le carbonate de baryte et par l'alcool a donné ensuite de l'urée cristallisée en aiguilles prismatiques. M. Lefort a pu ainsi retirer de 8 litres de petit lait représentant plus de 10 litres de lait pur, 1 gr. 50 de nitrate d'urée, reconnaissable à ses propriétés.

(*b*) Pour rechercher l'urée dans le lait, on en traite une grande quantité par quelques gouttes d'acide acétique, on chauffe à 40° jusqu'à coagulation complète du caséum; on filtre et on lave le coagulum sur le filtre avec un peu d'eau. Les liqueurs filtrées sont réduites par évaporation au bain-marie à un petit volume, et additionnées de plusieurs fois leur volume d'alcool très-rectifié. Il se forme un nouveau précipité que l'on sépare par filtration et qu'on lave à l'alcool; les liqueurs alcooliques sont évaporées au bain-marie, le résidu est repris par l'alcool absolu, et la solution filtrée. Dans cette solution, on ajoute la solution barytique déjà indiquée, pour précipiter les phosphates; on filtre et on fait passer un courant d'acide carbonique, pour enlever l'excès de baryte. Dans la liqueur, séparée du dépôt par nouvelle filtration, on recherche l'urée par l'acide azotique ou l'azotate de bioxyde de mercure, comme pour le sang.

Recherche de l'urée dans la sueur.. — La présence de l'urée dans la sueur a été mise hors de doute par plusieurs auteurs, et notamment par M. Favre qui a opéré sur 50 litres de sueur. Voici comment, avant lui, M. Landerer put en constater l'existence : après avoir traité par l'eau de la flanelle qui avait été longtemps en contact avec la peau, il a obtenu un liquide jaunâtre d'un goût salé et légèrement acide, qui, évaporé, a laissé déposer, après quelques jours de repos, une masse granuleuse de phosphates. Le liquide qui surnageait, traité par l'alcool, a laissé à l'évaporation spontanée une substance ayant une forte odeur de transpiration et un goût sucré. Dissoute dans l'eau et décomposée par l'acide oxalique, cette substance a fourni, trente-six heures après, un précipité de petits cristaux d'oxalate d'urée. Pour rendre plus certaine la présence de l'urée, M. Landerer a fait dissoudre de nouveaux cristaux, les a décomposés par le carbonate de chaux et traités par l'alcool. La solution, évaporée et traitée par quelques gouttes d'acide nitrique, a donné des cristaux de nitrate d'urée.

On pourra rechercher l'urée dans la sueur par le procédé employé pour le sang et le lait : évaporation à un petit volume, addition d'alcool fort, évaporation, traitement du résidu par l'eau, précipitation par l'acide nitrique ou précipitation des phosphates par la solution barytique, etc.

Recherche de l'urée dans la bile. — (a) On évapore la bile au bain-marie à siccité ; on épuise le résidu par l'alcool, et on précipite par un grand excès d'éther. Après 24 heures de repos, on décante, on distille pour retirer l'éther et on évapore de nouveau à siccité au bain-marie. Le résidu est repris par l'eau et dans la solution on constate la présence de l'urée.

Loybond.   8 (*b*) Pour extraire l'urée de la bile, O. Popp étend celle-ci de son volume d'eau et la précipite par un excès de sous-acétate de plomb, puis évapore à sec la liqueur filtrée, après l'avoir traitée par l'hydrogène sulfuré. La masse saline qui reste renferme de l'acétate de soude et de l'urée, qu'on peut séparer par des traitements fractionnés par l'alcool absolu. D'après cet auteur, la bile du porc paraît renfermer relativement plus d'urée que celle du bœuf. Cette proportion paraît être en rapport avec le degré de consistance de la bile.

Recherche de l'urée dans le foie. — Meissner a employé le procédé suivant : le foie, divisé en petits morceaux, est traité à deux reprises par l'eau chaude, le liquide est séparé, et le résidu est exprimé. On chauffe les liqueurs presque à l'ébullition, avec un peu d'acide sulfurique étendu, pour coaguler les matières albuminoïdes. Après filtration, on ajoute de la solution de baryte jusqu'à cessation de précipité ; dans la liqueur filtrée, on verse de l'acide sulfurique jusqu'à réaction presque neutre ; on laisse reposer quelques heures, et après neutralisation complète, la liqueur est chauffée, filtrée et réduite par évaporation à un petit volume. On ajoute alors de l'alcool absolu, et on évapore en consistance de sirop la liqueur filtrée. Dans la solution du résidu, repris par l'eau, on recherche l'urée par les moyens déjà indiqués.

Recherche de l'urée dans la chair de certains poissons. (*Plagiostomes*). — Frerichs, Staedeler et Schultze ont trouvé de l'urée dans la chair musculaire et les organes de quelques poissons cartilagineux : dans la raie, *Raja batis* et *R. clavata, Spinax adanthias,* dans l'organe électrique de la torpille, *Torpedo occellata,* **T.** *marmorata,* dans la grande roussette, *Scyllium canicula.* La chair de ces poissons est broyée avec du verre pulvérisé grossièrement, et traitée par deux fois son volume d'alcool ; après décantation, le résidu est repris encore une fois par une petite quantité d'alcool. Les liqueurs filtrées sont évaporées, et le résidu repris par l'eau abandonne par la filtration une certaine quantité de matières grasses, huileuses. On évapore en consistance de sirop épais, on traite par l'alcool absolu chaud, et le tout est laissé en repos pendant vingt-quatre heures. La liqueur se sépare en deux parties : une solution alcoolique peu colorée et un dépôt brun insoluble. La solution alcoolique est évaporée, reprise par l'eau, qui sépare de nouveau des matières grasses, et filtrée. Cette solution aqueuse est précipitée par l'acétate de plomb et débarrassée de l'excès de ce dernier par un courant d'hydrogène sulfuré. Enfin, on recherche l'urée dans la dernière liqueur filtrée. — Le dépôt brut ci-dessus contient de la Taurine et de la Scyllite.

Recherche de l'urée dans le liquide des reins. — Berzelius avait tenté inutilement d'extraire de l'urée des liquides contenus dans les vaisseaux des reins. M. Lecanu, pensant que cet illustre chimiste n'avait échoué dans ses recherches que parce qu'il n'avait pas opéré sur une quantité suffisante de matière, tenta un nouvel essai, où il réussit en se plaçant dans des conditions différentes. Les reins d'une personne saine, morte à la suite d'un accident, furent détachés, coupés en tranches épaisses et lavés pour retirer le sang des gros vaisseaux; on les broya ensuite dans un mortier pour les malaxer dans un linge, sous un filet d'eau, afin d'entraîner toutes les parties solubles. De l'alcool fut mêlé au liquide des lavages, et il en précipita de l'albumine et des matières grasses. Le liquide hydralcoolique, évaporé en consistance sirupeuse, fut repris par l'alcool froid qui en précipita des matières extractives, des sels, des traces d'albumine et des matières grasses et qui dissolvit des chlorures, de l'acide lactique libre, des lactates, et enfin de l'urée.

Recherche de l'urée dans le liquide amniotique de

la femme. — On n'avait pu autrefois isoler l'urée dans de petites quantités de ce liquide ; mais on avait de fortes présomptions sur son existence, car on avait observé que le chlorure de sodium, abandonné par une solution alcoolique faible de cette substance, prend constamment la forme octaédrique. M. J. Regnauld a opéré sur 800 grammes de liquide, d'après le procédé suivant : on évapore le liquide, au bain-marie jusqu'à réduction au tiers de son poids. L'évaporation doit être achevée sous le récipient de la machine pneumatique, en présence de l'acide sulfurique. Sans cette précaution, la très-petite quantité d'urée contenue dans la liqueur se détruit à la température de 90 ou 100 degrés, en présence des sels à réaction alcaline qu'elle renferme. La masse séchée dans le vide est reprise à froid par 4 ou 5 fois son poids d'alcool absolu employé par fractions. Cette solution est séparée d'un dépôt de la matière albuminoïde et de différents sels à acides inorganiques, tels que phosphate de soude et de chaux, carbonate de soude, chlorure de sodium. L'alcool, ainsi employé, dissout l'urée et ne se charge pas de principes colorants et de matière grasse, ce qui aurait lieu à chaud. Cette liqueur, abandonnée à l'évaporation dans le vide, ne donne pas encore de cristaux d'urée ; elle se solidifie incomplétement et devient comme résineuse. Cela tient à ce que l'alcool absolu, même froid, dissout un sel à acide organique (acide lactique) qui entrave la cristallisation de l'urée. Mais, en traitant cette masse résinoïde par l'éther pur et bouillant, on obtient une solution qui, par l'évaporation spontanée dans une capsule de verre, laisse cristalliser des aiguilles prismatiques blanches qui offrent tous les caractères de l'urée.

Recherche de l'urée dans un kyste séreux des reins. — Au moyen de la ponction, M. Gallois obtint 146 grammes d'un liquide limpide, à peine citrin, à réaction alcaline, d'une odeur peu marquée, et qui contenait une forte proportion d'albumine. — La liqueur, légèrement acidulée par l'acide chlorhydrique, fut mise à bouillir dans une capsule, et, après quelques minutes, le tout fut jeté sur un filtre. Une masse considérable d'albumine resta sur le papier, tandis qu'il passa à travers le filtre un liquide incolore et qui devait contenir l'urée. Cette liqueur fut évaporée au bain-marie dans une capsule, et, quand le résidu fut convenablement desséché, il fut traité par l'alcool fort et filtré. La nouvelle solution, débarrassée de la plus grande partie des sels étrangers, fut évaporée à son tour; mais, comme elle ne donna point d'urée cristallisée, on la traita par l'acide nitrique et on obtint des cristaux de nitrate d'urée parfaitement reconnaissables au microscope. Ces cristaux, traités par le carbonate de baryte et l'alcool, donnèrent ensuite de l'urée pure, en fines aiguilles.

Recherche de l'urée dans le liquide des hydropiques. — On coagule l'albumine par l'ébullition et l'on filtre. Le liquide filtré est évaporé en consistance sirupeuse, et on le mêle encore chaud avec 4 fois son volume d'alcool à 95°. Après quelques heures, les sels insolubles dans l'alcool s'étant séparés, on décante. Cette solution alcoolique, à laquelle on ajoute une petite quantité d'eau, après l'avoir évaporée jusqu'au quart de son volume, est mêlée avec 2 fois son volume d'acide nitrique concentré et pur. Ce mélange laisse bientôt déposer des cristaux de nitrate d'urée, mais en trop faible quantité pour pouvoir doser l'urée de cette manière. (J. Vogel.)

Résumé. — On a vu dans les diverses méthodes énumérées précédemment, et qui peuvent être appliquées à la salive et à toutes les liqueurs séreuses, que, pour rechercher l'urée dans les liquides autres que l'urine, il fallait préalablement coaguler l'albumine et précipiter la plus grande partie des sels. Pour cela, on chauffe le liquide avec addition d'une petite quantité d'acide minéral ou d'acide acétique, ou mieux encore, on traite directement le liquide par 3 à 4 fois son volume d'alcool à 90° ou 95°, qui remplit les deux conditions; on filtre, on évapore au bain-marie, on traite le résidu par l'alcool absolu; on évapore de nouveau et le résidu est redissous dans l'eau. Cette dernière solution est soumise à la recherche de l'urée par l'acide nitrique ou à son dosage par la méthode de Liebig. On peut, s'il y a lieu, priver cette solution de phosphates par la solution barytique déjà citée et de diverses matières par l'acétate de plomb et éliminer l'excès de ces réactifs par un courant d'acide carbonique ou d'acide sulfhydrique.

4° CARACTÈRES MICROGRAPHIQUES DE L'URÉE ET DE SES SELS.

L'étude micrographique de l'urée et de ses sels a été faite par plusieurs auteurs, mais elle a été publiée d'une manière complète par Robin et Verdeil, qui en ont donné la figuration dans leur atlas. On pourra aussi consulter les atlas de Funke, de Ultzmann et Hofmann. Je renvoie donc à ces auteurs pour plus de détails.

L'urée et ses sels, examinés à la lumière polarisée, produisent de magnifiques colorations, lorsque le champ du microscope est devenu obscur par la rotation de l'analyseur. Avec cet éclairage, on saisit mieux les contours et les modifications des cristaux; mais l'emploi de l'appareil polarisateur n'a pas une très-grande utilité dans ce genre d'essai. Le grossissement à employer ne doit pas dépasser 250 diamètres; un grossissement de 50 à 100 diamètres est déjà suffisant.

Urée. — Lorsqu'on fait évaporer l'alcool à l'aide duquel on a extrait de l'urée de l'urine ou d'une autre substance, ou lorsqu'on fait cristalliser rapidement une solution aqueuse, l'urée apparaît au microscope sous forme d'aiguilles blanches, volumineuses, groupées parallèlement, et sur lesquelles d'autres s'appuient par une extrémité; ces aiguilles sont striées, parsemées d'interstices et d'irrégularités; leur extrémité est arrondie ou taillée en biseau. Lorsque la cristallisation s'opère lentement dans des solutions étendues, on observe alors de grosses aiguilles formées par des prismes à 4 pans, dont les extrémités sont terminées par une ou deux faces obliques. Quelquefois on observe des cristallisations en rosaces.

Azotate d'urée. — Si l'on précipite une solution concentrée d'urée par l'acide azotique pur, on obtient un précipité abondant d'azotate d'urée touffu, écailleux, peu propre à l'examen microscopique. Le meilleur moyen d'observer ce sel est de laisser la combinaison s'opérer sur le porte-objet du microscope. Sur une lame de verre, on place une goutte de liquide avec un morceau de fil; on place dessus un couvre-objet, et à l'extrémité libre du fil, on verse une goutte d'acide azotique. On observe ainsi la formation des cristaux au fur et à mesure, et quelquefois on peut les voir s'allonger comme des fers de lance. Lorsque la formation est rapide, l'azotate d'urée se présente en agglomération de cristaux tabulaires à 6 côtés, imbriqués les uns sur les autres. Il se forme aussi des prismes à 6 pans, et parfois des cristaux analogues à ceux du gypse.

Oxalate d'urée. — Ce sel présente toutes les formes dérivées des prismes rectangulaire et rhomboïdal droit; il se présente ordinairement avec l'apparence de l'azotate d'urée, c'est-à-dire en tables hexagonales ou en prismes à 4 pans; ses cristaux sont toujours mélangés de lamelles petites et étroites.

CHAPITRE IV

DOSAGE DE L'URÉE

L'importance de l'urée dans l'économie et les variations qu'elle subit sous diverses influences, ont attiré l'attention des médecins et des chimistes ; aussi de nombreux procédés de dosage ont été proposés ; mais bien peu ont donné des résultats satisfaisants, soit au point de vue scientifique, soit au point de vue pratique. Chacun d'eux entraîne avec lui des empêchements ou des causes d'erreur, d'inexactitude, dépendant soit du mode opératoire, soit des substances que l'urine renferme, et qui, par leur transformation, font varier la quantité réelle d'urée. La clinique médicale exige, pour ses essais chimiques, des moyens pratiques, faciles à exécuter, et cela trop exclusivement peut-être, car il est difficile de concilier avec eux une exactitude même relative ou suffisante. Et, comme le dit M. Bouchardat : « L'esprit de La- « voisier n'anime pas encore la généralité des médecins ; « la balance n'a pas, malgré des efforts heureux, pris en « clinique la place qu'elle y occupera un jour. Dans la plu- « part des observations qu'on recueille et qu'on publie en si « grand nombre, sans autant de profit pour la science qu'il « se pourrait, on se contente d'à peu près, quant, à des « données incertaines, on pourrait substituer des nombres. »

En effet, de nombreux tableaux statistiques, faits sur ce sujet, ont été basés sur des procédés très-élémentaires, inexacts, où la différence des résultats consignés dépendait bien plus du degré d'habileté de l'opérateur et du peu de sûreté du procédé que des variations biologiques. Les personnes qui ont peu l'habitude des analyses et des manipulations chimiques, renoncent à faire l'analyse de l'urine, en raison des difficultés qu'elles rencontrent : dispersion des documents relatifs à cette opération, médiocre installation, ou défaut complet des laboratoires destinés à ce genre de recherches.

Les procédés de dosage de l'urée peuvent se diviser en plusieurs catégories :

1° Dosage à l'état d'urée, ou de nitrate, d'oxalate d'urée. Ce sujet a été traité précédemment avec l'extraction de l'urée, mais j'ajouterai que le dosage, fondé sur la précipitation de l'urée, laisse beaucoup à désirer, qu'il est toujours inexact à cause de la solubilité de l'urée et des sels et à cause des transformations qu'ils subissent sous l'influence de la chaleur et des réactifs.

2° Dosage par décomposition, avec formation d'un sel ammoniacal : procédé de Heintz et Ragsky et procédé de Bunsen.

3° Dosage par décomposition de l'urée en ses éléments, acide carbonique et azote, et estimation de l'un d'eux ou des deux à la fois : procédé de Millon et modifications, procédé de Leconte et de Davy, procédé de M. Gréhant et le procédé que je propose.

4° Dosage par précipitation de l'urée en une combinaison insoluble : procédé de Liebig.

De tous ces procédés, les plus exacts sont ceux fondés sur la décomposition de l'urée en ses éléments ; le procédé de Millon vient en première ligne, et, à côté de lui, les perfectionnements apportés par M. Gréhant, et, peut-être, le procédé que je propose, doivent être cités.

L'urine des herbivores, contenant de l'acide carbonique libre, des carbonates et de l'acide hippurique, le dosage de l'urée ne peut s'effectuer directement par certains procédés. Pour écarter les inconvénients dûs à la présence de l'acide carbonique et des carbonates, Henneberg, Stohmann et Rantenberg ont proposé de chauffer l'urine et d'y ajouter un peu d'acide azotique. Ce mode opératoire n'est pas sans influence sur l'urée, et je crois qu'en remplaçant l'acide azotique par un acide organique, l'acide tartrique par exemple, on arriverait au même résultat.

Les mêmes auteurs précipitent l'acide hippurique au moyen d'une solution d'azotate de fer.

Le dosage de l'urée dans l'urine de chèvre n'est pas praticable par la méthode de Liebig, et de même, dans l'urine du chien, à cause de la présence de la créatinine, de l'acide kynurénique et de corps sulfurés.

L'urine pathologique renferme des substances qui peuvent influer sur le dosage de l'urée ou le gêner. Un moyen général de purification consiste à traiter l'urine par l'acétate de plomb et à filtrer; on élimine ainsi la plupart des sels et toutes les substances protéiques.

On coagulera ordinairement l'albumine par l'ébullition avec un peu d'acide acétique, mais il faut se rappeler que le chauffage de l'urine n'est pas sans inconvénient.

Quant aux urines diabétiques, il faut éviter de détruire le sucre par fermentation qui détruirait aussi une partie de l'urée; du reste, le sucre gêne peu le dosage dans la plupart des procédés.

Les matériaux de la bile seront précipités par l'acétate de plomb.

L'acide azoteux n'a pas d'influence sur toutes ces substances, c'est par là que se recommande le procédé de Millon et ses modifications.

Procédé de Heintz et Ragsky. — Ce procédé est fondé sur la transformation de l'urée en acide carbonique et en ammoniaque, sous l'influence de l'acide sulfurique et sur le dosage de l'ammoniaque à l'état de chlorure double de platine et d'ammonium ou à l'état de platine pur. Comme l'urine renferme des sels de potasse et d'ammoniaque qui précipitent par le chlorure de platine, on opère deux dosages, l'un sur l'urine pure, l'autre sur l'urine traitée par l'acide sulfurique. La différence des résultats obtenus servira à calculer la proportion réelle d'ammoniaque formée par réaction et par suite celle de l'urée.

1° Dans un petit vase à précipité, on mesure 10 cent. cubes d'urine filtrée, on ajoute 25 à 30 gouttes d'acide chlorhydrique, pour séparer l'acide urique, et on laisse reposer vingt-quatre heures. On filtre dans un creuset de porcelaine ou de platine, on lave le vase et le filtre avec le moins d'eau possible, et dans le creuset on pèse 6 à 8 grammes d'acide sulfurique. On chauffe doucement jusqu'à apparition de bulles gazeuses, puis on recouvre le creuset avec un verre de montre pour éviter la perte par projection ; on continue de chauffer avec précaution, jusqu'à ce que le dégagement de gaz cesse et que les vapeurs d'acide sulfurique commencent à remplir la capsule. La température pourra s'élever sans danger jusqu'à 180°. On laisse refroidir, on lave le verre de montre avec un peu d'eau, et le contenu du creuset avec cette eau. Le liquide est jeté sur un filtre et reçu dans une capsule ; on évapore à feu doux pour chasser l'excès d'eau. Le résidu contient du sulfate d'ammoniaque, du sulfate de potasse, de sulfate de soude, des phosphates et des matières organiques. On ajoute à ce résidu 20 à 25 gouttes d'acide chlorhydrique, du chlorure de platine et un mélange d'éther et d'alcool (4 p. d'alcool et 1 p. d'éther) ; on mêle très-bien le tout. La liqueur surnageante doit être claire, sinon on 'ajouterait de nouveau un peu de chlorure de platine. Au bout de huit à dix heures, on jette le précipité obtenu sur un filtre, on le lave avec de l'alcool éthéré, on le dessèche doucement et on le calcine dans un creuset de platine pesé et bien couvert jusqu'à ce que tout le sel ammoniac et le chlore soient chassés du composé platinique. On traite le produit de la calcination par de l'acide chlorhydrique étendu et bouillant, on filtre la liqueur, et on répète cette opération jusqu'à ce que le liquide filtré, évaporé sur une lame de platine, ne laisse plus de résidu. Déduction faite des cendres du filtre, on a de cette façon la quantité de platine qui correspond à la quantité de potasse, d'ammoniaque et d'urée que renferme l'urine.

2° On mesure de nouveau 10 cent. cubes d'urine qui sont traités directement par du chlorure de platine et par 50 cent. cubes d'alcool éthéré. Après huit ou dix heures, le précipité obtenu est filtré et traité comme le précédent. On obtient alors un poids de platine correspondant à la potasse et à l'ammoniaque de l'urine.

La différence des quantités de platine trouvées dans les deux expériences, indique la quantité qui correspond à l'urée. 2 équivalents de platine (198) correspondent à 1 équivalent d'urée (60) ou 100 parties de platine à 30,303 d'urée. Le calcul sera plus simple en multipliant le poids de platine par le coefficient 0,30303 : Platine $\times$ 0,30303 $=$ Urée.

Dans le cas où l'on voudrait opérer ce dosage à l'état de chlorure double d'ammonium et de platine desséché, on multiplierait le poids de ce dernier par le coefficient 0,13434 : Chlorure double $\times$ 0,13434 $=$ Urée.

On peut opérer ce dosage, en négligeant la séparation de l'acide urique, et admettant que le dernier, chauffé avec l'acide sulfurique, donne presque toujours une même quantité d'ammoniaque et que sa quantité varie proportionnellement très-peu. L'erreur peut être diminuée en dosant l'acide urique et en déduisant d'après cela 0,4 à 0,8 de la quantité d'urée trouvée dans 1,000 parties d'urine.

On ne saurait, sans commettre une erreur considérable, se dispenser de faire la correction que nécessite la quantité de potasse et d'ammoniaque contenue dans l'urine.

Heintz n'a pas évalué l'influence que peuvent exercer par leur présence les autres produits normaux de l'urine ; mais il assure que sa méthode est applicable à l'urine diabétique et que la présence des différents principes que l'urine peut contenir n'exerce aucune influence. Il n'a jamais précipité de la bile, du sang, de l'albumine et du lait que des quantités insignifiantes d'ammoniaque, en opérant sur ces principes, séparément ou mélangés avec l'urine.

Remarques. Outre l'acide urique, la créatine, la créatinine etc., produisent de l'ammoniaque dans les mêmes conditions et augmentent le poids de l'urée trouvé.

Ce procédé est très-long et sujet à de nombreuses causes d'erreur, en raison des opérations délicates qu'il nécessite. Krahmer, dans ses recherches sur l'urine, a dû l'abandonner parce qu'il ne lui fournissait pas de résultats concordants. De mon côté, dans plusieurs essais comparatifs, sur l'urée et sur l'urine, je n'ai jamais obtenu que des résultats peu satisfaisants, malgré la profusion de soins, de précautions dont je m'efforçais d'entourer cette longue série d'opérations. La quantité d'urée trouvée était toujours bien au-dessous de celle à laquelle on devait s'attendre. Il est probable que la transformation de l'urée en ammoniaque dans les conditions décrites n'est pas aussi complète que Heintz le pensait, et Millon s'en est assuré par l'expérience. Ce procédé est donc, je crois, à exclure de la pratique.

Modifications proposées au procédé de Heintz. M. Poggiale cite un procédé fondé sur le même principe que celui de Heintz, mais sur un dosage différent de l'ammoniaque produite. L'urée est transformée en sel ammoniacal par l'acide sulfurique, et ce sel étant lui-même décomposé par un alcali, on dose l'ammoniaque par les méthodes de Boussingault et Péligot, au moyen de liqueurs titrées. M. Vincent à décrit dans sa thèse le mode opératoire qu'il a suivi à ce sujet ; je renvoie à son mémoire pour les détails. J'ai fait de très-nombreuses expériences, en opérant avec le plus grand soin et en adoptant des dispositions spéciales sans avoir de succès satisfaisants, ce qui tient probablement aux mêmes causes que celles du procédé de Heintz. L'énumération détaillée des essais pratiqués, dans le but de doser l'urée de cette manière, serait trop longue et elle me paraît inutile. Outre la

longueur du mode opératoire, ce procédé est très-inexact,
fondé sur une réaction encore mal étudiée, et doit, comme
le procédé de Heintz, être exclu de la pratique.

Procédé de Bunsen. — Bunsen a mis à profit, pour le
dosage de l'urée, la propriété que possède sa dissolution
aqueuse de se décomposer en carbonate d'ammoniaque
quand on la chauffe, en vase clos, au-dessus de 100°.

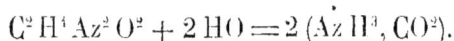

$$C^2 H^4 Az^2 O^2 + 2 HO = 2 (\dot{A}z H^3, CO^2).$$

Cette décomposition, qui commence déjà à 120°, s'accomplit rapidement de 200 à 240° au bout de trois ou quatre
heures. Pour doser l'urée dans l'urine, on chauffe celle-ci
avec une solution ammoniacale de chlorure de baryum. Le
carbonate d'ammoniaque formé produit un précipité de carbonate de baryte dont le poids servira à calculer la quantité
d'urée.

On verse dans un ballon environ 50 grammes d'urine, et,
après en avoir déterminé exactement le poids A, on y ajoute
un poids connu B d'une dissolution concentrée de chlorure
de baryum contenant un peu d'ammoniaque libre. On agite,
et aussitôt que le précipité s'est déposé, on verse le liquide
qui surnage sur un filtre sec et pesé; puis, à l'aide d'un entonnoir, on fait couler 25 ou 30 grammes de ce liquide dans
un tube taré et contenant environ 3 grammes de chlorure
de baryum solide. On détermine ensuite le poids C de ce
liquide; on ferme le tube à la lampe à 1 décimètre environ
au-dessus du niveau du liquide.

Cela étant fait, on lave d'un côté le précipité barytique *b*,
on le dessèche et on le pèse, et, de l'autre, on chauffe le
tube dans un bain d'huile. Au bout de trois ou quatre heures
on cesse de chauffer, on coupe le tube avec précaution, et
l'on dépose les cristaux de carbonate de baryte qui se sont
formés dans un petit filtre pour en déterminer le poids K.

La quantité d'urée contenue dans 100 parties d'urine analysée est donnée par la formule :

$$U = \frac{30,41 K(A+B-b)}{AC}$$

dans laquelle on remplace A, B, C, b, K, par les valeurs fournies par l'expérience :

U est la quantité d'urée cherchée dans 100 parties d'urine ;

Le coefficient 30,41 exprime le rapport entre les équivalents du carbonate de baryte et de l'urée.

A est le poids de l'urine.

B est le poids de la dissolution du chlorure de baryum.

b est le poids du précipité barytique.

C est le poids de la dissolution filtrée.

K est le poids du carbonate de baryte obtenu.

Cette formule paraît bien inutile lorsqu'il est si simple de calculer la quantité d'acide carbonique du carbonate de baryte produit et de celle-ci déduire la quantité d'urée, sachant qu'à deux équivalents de carbonate de baryte ($2 \, BaO \, CO^2 = 197,10$) correspond un équivalent d'urée ($C^2 H^4 Az^2 O^2 = 60$).

Il est plus simple encore de multiplier le poids de carbonate de baryte obtenu par le coefficient 0,30456 ($BaO, CO^2 \times 0,30456 = $ Urée).

Bunsen a cherché à déterminer et à apprécier les causes d'erreur qui peuvent influer sur les résultats. L'acide hippurique et l'acide benzoïque ne donnent pas lieu à un trouble lorsqu'on les chauffe à 220° avec du chlorure de baryum ammoniacal. Dans les mêmes conditions, l'acide urique serait décomposé ; mais comme l'urate de baryte est insoluble, il se trouve dans le précipité b.

Une série de déterminations a prouvé à Bunsen que ce procédé fournit des résultats exacts pour l'urée pure et pour l'urée mélangée de matières animales telles que lait, albumine, sang, fibre musculaire, graisse, salive, mucus nasal, sucre de diabète ou de substances salines. comme le sel marin, le sulfate de soude et le phosphate d'ammoniaque. A la vérité, les premières substances fournissent bien un trouble dans la dissolution barytique, mais il n'est pas assez considérable pour influer sensiblement sur les résultats.

Une légère cause d'erreur consiste dans la petite quantité de créatine contenue dans l'urine, et qui dans les conditions de l'opération se dédouble en acide carbonique, ammoniaque et sarkosine.

Enfin, une autre erreur dans le sens inverse résulte de ce que le carbonate de baryte n'est pas tout à fait insoluble dans l'eau pure ou dans l'eau contenant du sel ammoniac (solubilité évaluée à environ 1 de carbonate pour 2000 d'eau).

Comme modification ou variante du procédé de Bunsen, M. G. Bouchardat propose de chauffer l'urée ou l'urine dans un tube scellé à la lampe et au bain d'huile, avec une solution titrée de potasse; on reprendrait ensuite le titre du mélange par l'alcalimétrie et on constaterait une augmentation par suite de la formation du carbonate d'ammoniaque.

Procédé de Millon. — Ce procédé consiste à faire réagir sur l'urée l'acide azoteux à l'état d'azotite de mercure dissous dans un mélange d'azotate et d'acide azotique. Sous cette influence, il se produit de l'azote et de l'acide carbonique; on dose ce dernier en le faisant absorber par une solution de potasse caustique, et de la quantité d'acide carbonique, on déduit par le calcul celle de l'urée. Millon et d'autres chimistes ont représenté la réaction de la manière suivante :

$$C^2 H^4 Az^2 O^2 + 2 Az O^3 = 4 HO + 4 Az + 2 CO^2.$$

Mais il n'y a de vrai que la quantité d'acide carbonique formée, qui suffisait à Millon pour son dosage; la réaction est plus complexe et il se forme des volumes égaux d'acide carbonique et d'azote en même temps que de l'ammoniaque. Ce sujet sera traité d'une manière spéciale, en parlant d'un nouveau procédé proposé.

On prépare d'abord le réactif de Millon (qui l'appelait azotite de mercure) en faisant réagir 168 grammes d'acide nitrique (à 4 équivalents 1/2 d'eau) sur 125 grammes de mercure. Le mercure se dissout presque complétement à froid, mais à l'aide d'une très-douce chaleur on achève de l'attaquer; on ajoute aussitôt 2 volumes d'eau distillée pour 1 volume de liqueur mercurielle. Le mélange ainsi dilué se conserve très-longtemps sans rien perdre de son action.

On dispose ensuite l'appareil suivant : 1° on prend un ballon d'une capacité de 200 cc. environ, portant un bouchon dans lequel passent un tube à extrémité effilée à la lampe (destiné à être cassé à la fin de l'opération) et un tube coudé à boule, communiquant avec un tube en U, le tout mastiqué avec de la cire d'Espagne.

2° Le tube en U contient de petits fragments de pierre-ponce (préalablement lavée à l'eau acidulée et calcinée) imbibée d'acide sulfurique concentré; dans la branche regardant le ballon, on place au-dessus de la pierre-ponce un tout petit tube à essai dans lequel se rendra la majeure partie de l'eau entraînée après l'opération.

3° Le tube en U communique avec un tube à boules de Liebig, contenant une solution concentrée de potasse caustique pure, faite avec une partie de potasse et 2 parties d'eau.

4° A l'extrémité du tube à boules est adapté un tube assez large, dans lequel on place des fragments de potasse caustique, destinés à retenir les dernières parties d'acide carbonique. Ce tube présente une partie plus mince, par laquelle on détermine une aspiration lorsque l'opération est terminée.

Tout l'appareil étant disposé d'avance, on pèse exactement le tube à boules et le tube à potasse qui le suit, et l'on note le poids obtenu. On les réunit au tube en U; on introduit alors dans le ballon, avec une pipette, 50 cent. cubes de réactif mercuriel et on verse dessus 20 cent. cubes d'urine filtrée. Si cela est nécessaire, on lave le col du ballon avec un peu d'eau distillée; on adapte rapidement le bouchon et on agite le mélange des liquides.

La réaction de l'azotite de mercure sur l'urée se produit déjà à la température ordinaire; on la facilite d'abord en chauffant très-légèrement, de façon que les gaz passent, bulle par bulle, dans le tube à boules, puis portant à l'ébullition pour terminer. L'opération doit être bien surveillée à ce moment et arrêtée au moment même où l'on commence à voir des vapeurs nitreuses dans le tube en U.

A ce moment, on casse la pointe effilée du tube adapté au ballon, et en reliant le dernier tube à potasse à un aspirateur, on fait passer un courant d'air pour balayer les gaz contenus dans l'appareil et les faire passer dans le tube à boules. On enlève les deux tubes à potasse, on les pèse rapidement et exactement. La différence entre le poids actuel et le poids noté précédemment exprime le poids d'acide carbonique absorbé par la potasse.

Ce poids, multiplié par le coefficient 1,3636, indique le poids d'urée contenu dans la quantité d'urine analysée ($CO_2 \times 1,3636 = $ Urée). — Millon avait indiqué le chiffre 1,371; mais il est moins exact que le premier. Une erreur d'impression lui fit aussi donner le chiffre 1,731 par transposition.

Telle est la disposition ordinaire de l'appareil de Millon. Cette disposition peut être plus compliquée lorsque l'on veut faire de nombreux dosages par ce procédé. La description et la figuration de cet appareil ont été données par Millon dans ses *Éléments de chimie organique*. Paris, 1845-1848, t. II, p. 747 à 750, et dans ses *Études de chimie organique, faites en vue des applications physiologiques et médicales*. Lille, 1849, avec planches.

Cet appareil, comme on peut le voïr au laboratoire de chimie du Val-de-Grâce, et tel qu'il est figuré dans ce dernier ouvrage, est très-encombrant. Il est vrai qu'il reste monté une fois pour toutes, et qu'on n'a qu'à changer de temps à autre la ponce sulfurique et la potasse, solide ou en solution, qu'il nécessite.

Le courant d'air pratiqué vers la fin de l'opération traverse une solution de potasse et de la potasse solide qui en absorbe l'acide carbonique; le ballon opérateur est suivi de trois grands tubes en U à ponce sulfurique, d'un tube de Liebig à potasse, d'un tube en U, moitié à potasse, moitié à ponce, d'un tube en U à ponce et d'un grand flacon aspirateur jaugé.

Millon s'était assuré que l'analyse donne des chiffres invariables, malgré les changements les plus notables dans la quantité d'urine ou d'azotite ou dans les proportions d'urée. Il a vu que certaines substances sont sans influence sur le dosage de l'urée. Telles sont : les acides urique, hippurique, oxalique, acétique, lactique, butyrique, l'albumine, le sucre diabétique, la matière colorante et les matériaux de la bile.

Remarques. — Le procédé Millon n'offre aucune difficulté sérieuse, seulement il exige un peu d'habitude et de la précision dans les pesées. Avec des appareils disposés à l'avance, on peut pratiquer des essais plus rapidement. Je crois qu'il n'est pas nécessaire de porter le mélange du ballon à l'ébullition; la réaction commence immédiatement et peut se terminer par une très-douce chaleur. En faisant bouillir le liquide, il se produit vers la fin une certaine quantité de vapeurs nitreuses, que l'on voit passer dans le tube en U et que le courant d'air, s'il est rapide, peut entraîner dans le tube de Liebig, sans être absorbées par la ponce sulfurique.

Millon n'avait pas déterminé l'influence de la créatine, de la créatinine, de la guanine, etc. Ces substances, comme je m'en suis assuré, n'ont pas plus d'influence que celles qui ont été énumérées précédemment; c'est donc, je crois, inutilement que MM. Naquet et Papillon ont proposé de précipiter préalablement la créatinine par le chlorure de zinc, et que Robin et Verdeil ont fait sur ce procédé des remarques critiques qu'il ne mérite pas.

Le procédé de Millon, en raison de son importance, a subi plusieurs modifications de la part de MM. Bergeron, Berthelot, G. Bouchardat, Naquet et Papillon, modifications qui empruntent au procédé original, soit son réactif, soit la forme de dosage de l'acide carbonique, et qui vont être décrites ci-dessous. Quant au procédé de M. Gréhant et celui que j'ai proposé, ils empruntent à Millon son réactif, mais exigent des appareils spéciaux; ils seront décrits plus loin.

Modification de MM. Berthelot et Bergeron. — M. Bergeron conseille de doser l'acide carbonique à l'aide d'une solution de baryte titrée et de faire ensuite une opération alcalimétrique, pour connaître le poids de l'urée. M. Berthelot ajoute qu'il faut opérer la filtration à l'abri de l'air pour éviter la formation du carbonate de baryte.

Cette modification est plutôt une complication inutile du procédé de Millon; en outre elle est nuisible par suite des causes d'erreur qu'elle comporte, et dont M. Berthelot cite déjà un exemple. (*Bulletins de la Société de Biologie*, 1863, p. 70).

Modification de MM. Naquet et Papillon. — On sépare d'abord la créatine et la créatinine par le chlorure de zinc; on introduit ensuite les liqueurs dans une fiole à 2 tubulures avec le réactif de Millon. L'une des tubulures est fermée, l'autre communique avec un premier flacon plein d'acide sulfurique; celui-ci est relié à un second flacon plein de sulfate ferreux en dissolution, lequel s'adapte à son tour à un tube à ponce sulfurique qui lui-même aboutit à un tube de Liebig, plein de potasse caustique. L'eau produite ou entraînée est absorbée par l'acide sulfurique ; les vapeurs nitreuses le sont par la sulfate de fer, l'acide carbonique par la potasse, et l'azote se dégage. A la fin de l'opération, on ouvre la tubulure fermée, on y fait passer de l'hydrogène pour chasser tous les gaz de l'appareil, qui de la sorte est balayé. L'augmentation de poids du tube de Liebig sert à calculer la quantité d'urée, comme dans le procédé de Millon.

Procédé de M. G. Bouchardat. — En étudiant l'action de l'hydrogène naissant sur le nitrate d'urée, M. G. Bouchardat a vu qu'il se produisait de l'azote et de l'acide carbonique.

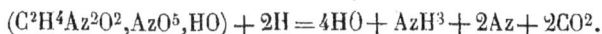

$$(C^2H^4Az^2O^2,AzO^5,HO) + 2H = 4HO + AzH^3 + 2Az + 2CO^2.$$

La disposition de l'appareil est à peu près la même que celle de Millon : ballon opérateur, tube à boules plein d'acide sulfurique, tube en U à chlorure de calcium, tubes à boules plein de potasse liquide et tube en U, contenant moitié potasse, moitié ponce. Les deux derniers tubes, retenant l'acide carbonique sont pesés avant et après.

Le ballon est muni d'un bouchon à deux tubes, l'un effilé, et l'autre communiquant avec le reste de l'appareil. On y place la solution d'urée, du zinc, de l'acide nitrique pour saturer l'urée et de l'acide chlorhydrique. Le dégagement gazeux commence de suite et peut être terminé par une légère chaleur ; on pèse ensuite le tube à boules et le dernier tube. La différence avec le poids précédent, multipliée par 1,3636 donnera le poids de l'urée contenue dans le liquide.

Procédé de M. Leconte. — Robert Smith avait déjà proposé en 1847 l'emploi de l'hypochlorite de chaux comme un mode prompt et certain d'évaluer la quantité d'azote contenue dans l'urine.

Le procédé, que M. Leconte publia en 1849 subit depuis plusieurs modifications de la part de son auteur qui en donna la description détaillée en 1858. Il repose sur la propriété que possède l'urée d'être décomposée, sous l'influence du chlore et des hypochlorites, en acide carbonique et en azote, propriété constatée par H. Davy.

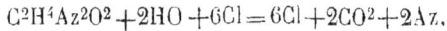

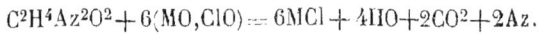

$$C^2H^4Az^2O^2 + 2HO + 6Cl = 6Cl + 2CO^2 + 2Az.$$

$$C^2H^4Az^2O^2 + 6(MO,ClO) = 6MCl + 4HO + 2CO^2 + 2Az.$$

L'acide carbonique est absorbé par un excès d'alcali et l'azote mesuré donne par le calcul la quantité d'urée.

Le réactif dont on se sert est une solution d'hypochlorite de soude obtenue en décomposant l'hypochlorite de chaux par le carbonate de soude. On prend 100 grammes d'hypochlorite de chaux pulvérulent, on le délaye peu à peu avec 500 grammes d'eau, on laisse en contact une demi-heure, on filtre le tout et on lave le filtre. Les eaux de lavage serviront à dissoudre 200 grammes de carbonate de soude cristallisé et pulvérisé finement ; cette solution est ajoutée à celle d'hypochlorite plus concentrée. Il se dépose du carbonate de chaux ; on filtre le mélange qui est lavé sur le filtre avec une quantité d'eau suffisante, pour que la liqueur obtenue définitivement occupe le volume de deux litres. On peut se servir aussi de l'hypochlorite de potasse ou eau de Javel.

M. Leconte dit qu'en agissant directement sur l'urine, les matières étrangères à l'urée augmentent la proportion d'azote de 1/20 ou de 54/1000 et produisent une réaction trop vive. Pour parer à cet inconvénient, on traite 20 centimètres cubes d'urine par 3 centimètres cubes de sous-acétate de plomb, on chauffe à l'ébullition, on filtre et on lave le précipité. La liqueur filtrée est débarrassée de l'excès de plomb par addition de 3 grammes de carbonate de soude, on filtre de nouveau, on lave et on ajoute de l'eau distillée pour faire un volume de 50 centimètres cubes. Pour l'opération, on prend la moitié de ce volume qui correspond à 10 c. c. d'urine.

L'appareil se compose d'un matras de 150 c. c. de capacités muni d'un tube abducteur assez étroit, se rendant sous une éprouvette graduée remplie d'eau.

Dans le ballon, on place 25 c. c. du liquide urinaire purifié,

et on remplit avec assez d'hypochlorite de soude pour que, d ns
tube abducteur, il monte une petite colonne de liquide. La
réaction commence à froid, et l'on chauffe légèrement; on ne
replace l'éprouvette sur l'extrémité ouverte du tube abducteur que lorsque le liquide a chassé devant lui l'air que ce
tube contenait. Lorsque les bulles de gaz diminuent, on porte
à l'ébullition, jusqu'à ce que la vapeur d'eau, venant se
condenser dans l'eau où plonge l'éprouvette graduée, fasse
entendre un bruit sec, analogue à celui du marteau d'eau,
ce qui indique que la vapeur ne contient plus de gaz. On
enfonce alors légèrement le bouchon du ballon, pour faire
parvenir dans l'éprouvette les dernières bulles qui pourraient
se trouver dans le tube.

L'azote, malgré une odeur de chlore, ne doit pas diminuer
de volume par agitation avec une solution de potasse, ou
avec une solution de pyrogallate de potasse, ce qui indique
l'absence d'acide carbonique, de chlore et d'oxygène.

On refroidit le gaz obtenu par immersion de l'éprouvette
dans l'eau froide, dont on prend la température. On note le
volume du gaz, la pression barométrique et la tension de
vapeur, et avec ces données on opère la correction gazométrique au moyen de la formule :

$$V^o = V \times \frac{1}{1 + 0,003665 \times t} \times \frac{H - f}{760}$$

dans laquelle V^o = le volume cherché ;
V = le volume trouvé ;
t = la température ;
H = la pression barométrique ;
f = la tension de la vapeur ;
$0,003665$ = le coefficient de dilatation des gaz;
$0,760$ = la pression normale.

D'après la théorie 0 gr. 10 d'urée devraient donner
37 cent. cubes d'azote à la pression 0,760; mais M. Leconte
n'a jamais pu obtenir dans ses opérations que 34 centimètres cubes ; ce nombre ayant toujours été constant, il s'en

est servi pour calculer le poids de l'urée. Donc pour chaque 34 centimètres cubes du gaz obtenu, on comptera 0 gr. 10 d'urée.

M. Leconte prétend que son procédé permet de doser non-seulement l'urée, mais encore de déterminer l'augmentation ou la diminution relative des matières azotées que l'urine renferme.

Procédé du Dr *Davy.* On se procure un tube de verre long et fort, de 0^m, 30 à 0^m, 35 de longueur, pouvant contenir de 30 à 50 c. c., lequel est fermé à une extrémité, et rodé à l'émeri à l'autre extrémité. Il est gradué par centimètres et millimètres cubes. Il faut le remplir au tiers avec du mercure, puis y verser 1 à 3 c. c. d'urine. Ensuite on remplit le tube jusqu'en haut d'une solution d'hypochlorite de soude. Il faut avoir soin de ne pas mettre un excès de solution et de la verser rapidement. On bouche alors, à l'aide du pouce, l'orifice du tube ; on le retourne 2 ou 3 fois, et on l'agite de façon à mélanger intimement les deux liquides; puis on le renverse sur une cuvette remplie d'eau saline. Le mercure s'écoule et est remplacé par la solution saline. Mais, comme elle est plus dense que le mélange d'urine et d'hypochlorite, elle reste à la partie inférieure. L'urine est bientôt décomposée, et il se dégage des bulles d'azote qui se rassemblent à la partie supérieure du tube. Lorsque la décomposition est complète, c'est-à-dire lorsqu'on voit que le dégagement du gaz a cessé, on lit sur le tube gradué le volume gazeux ainsi obtenu et on corrige le résultat quant à la température et à la pression. D'après le calcul du Dr Davy, 0 gr. 013 d'urée produisent 0 c. c. 52 d'azote à la température de 15° et pression 760. Il a trouvé 0,53 et 0,54.

Ce procédé est seulement approximatif. Le Dr Hansfield Jones a proposé une modification à ce procédé, ressemblant beaucoup à celui de Leconte, mais qui paraît peu avantageuse. (Voir : L. Beale, *De l'urine*, trad. franç. 1865. P. 30 et pl. VI, fig. 32.)

Procédé de Liebig. Ce procédé est fondé sur la propriété que possède l'urée d'être précipitée par l'azotate de bioxyde de mercure, en formant un composé blanc contenant 1 équivalent d'urée pour 4 équivalents de bioxyde de mercure ($C^2 H^4 Az^2 O^2$, 4 Hg O). L'analyse de ce composé a fait connaître que, pour précipiter 1 partie d'urée il fallait 7,7 parties d'oxyde de mercure. Lorsqu'on ajoute à une solution étendue d'urée, une solution également étendue d'azotate de mercure et qu'on neutralise à mesure l'acide du mélange avec du carbonate de soude, il se dépose le composé ci-dessus, sous la forme d'un précipité blanc floconneux. Tant que la liqueur contient de l'urée libre, le carbonate de soude forme un précipité blanc; mais lorsque toute l'urée est précipitée, la dernière goutte de solution mercurielle ajoutée produit un précipité jaune d'oxyde hydraté ou de sous-azotate de mercure : cette coloration est l'indice de la fin de la réaction. On voit donc qu'au moyen d'une solution mercurielle à titre connu, on pourra facilement doser l'urée.

Préparation des solutions employées au dosage. On prépare trois solutions : une solution d'urée pour titrer le réactif mercuriel ; une solution d'azotate de mercure peur doser l'urée et une solution de baryte pour précipiter les sulfates et les phosphates de l'urine.

1° *Solution titrée d'urée.* On dissout dans l'eau 4 grammes d'urée pure desséchée à 100° et l'on étend de manière à ce que le volume du liquide s'élève exactement à 200 c. cubes. 10 cent. cubes de cette solution contiennent donc 0 gr. 20 d'urée.

2° *Solution d'azotate de bioxyde de mercure.* Cette solution doit être préparée de manière que 20 cent. cubes précipitent exactement 10 cent. cubes de la solution d'urée ou, ce qui revient au même, 0 gr. 20 d'urée. D'après cela, 1 c. c. de la solution mercurielle doit correspondre à 0 gr. 10 milligr. d'urée. De plus, il faut que cette solution soit un peu plus riche que ne l'indique la théorie pour que le carbonate de soude produise la coloration jaune qui doit terminer la réaction. Liebig a trouvé que 100 milligr. d'urée pure qui, d'après le calcul, exigent 720 milligr. de bioxyde de mercure, 10 c. c. de la solution mercurielle doivent contenir 772 milligr. d'oxyde, pour que la coloration jaune puisse se produire d'une manière évidente, même dans des liqueurs étendues. Un litre de solution mercurielle doit donc contenir une proportion totale de 77 gr. 2 d'oxyde de mercure ou 71 gr. 48 de mercure pur.

(a). *Préparation avec du mercure pur.* On pèse 71 gr. 48 de mercure pur dans un ballon, que l'on dissout dans de l'acide azotique pur. Lorsque la dissolution est terminée, on chauffe, en ajoutant de temps en temps de l'acide azotique, jusqu'à ce qu'il ne se dégage plus du tout de vapeurs nitreuses, indice de sa transformation complète en bioxyde, et l'on évapore en consistance de sirop. On étend alors le liquide avec de l'eau distillée, de manière à former un volume d'un litre ou à peu près. Si, pendant cette opération, il se séparait un sel basique, on le laisse déposer, on décante le liquide clair avec précaution, et l'on redissout le précipité avec quelques gouttes d'acide azotique.

(b). *Préparation avec du bioxyde de mercure.* On emploie à cet usage de l'oxyde pur obtenu en chauffant de l'azotate de protoxyde cristallisé plusieurs fois; cet oxyde ne doit pas laisser de résidu sensible lorsqu'on le chauffe sur une lame de platine. Cet oxyde ayant été desséché à 100°, on en pèse exactement 77 gr. 2 dans une capsule, on le dissout dans le moins d'acide azotique que possible; on évapore en consistance sirupeuse et on étend d'eau au volume de 1 litre.

3° *Solution de baryte.* Cette solution est un mélange de 2 volumes d'eau de baryte et de 1 volume de solution d'azotate de baryte, les deux liqueurs étant saturées à froid.

Détermination du titre de la solution mercurielle. Dans un vase à précipité, on mesure 10 cent. cubes de la solution d'urée n° 1, et, plaçant la solution mercurielle dans une burette de Mohr, on la fait couler goutte à goutte dans la solution d'urée jusqu'à ce qu'une goutte du mélange déposé sur une solution saturée de carbonate de soude produise une coloration jaune nettement définie. On peut observer la coloration dans le vase même où se produit le mélange, en ayant soin d'ajouter de temps en temps, avec un compte-gouttes, une solution de carbonate de soude pour neutraliser faiblement l'acide qui se sépare ; la liqueur doit toujours rester un peu acide.

Si, pour obtenir la coloration jaune, on a employé, par exemple, 19,5 c. c. de solution mercurielle, il faudra, pour établir le titre juste de la liqueur, y ajouter 5 c. c. d'eau pour chaque 195 c. c. On aura donc, de cette manière, une solution dont 20 c. c. précipitent exactement l'urée contenue dans 10 c. c. de la solution d'urée n° 1.

On fait alors un second essai analogue, et si la liqueur mercurielle est bien dans les conditions voulues, il faudra en employer juste 20 c. c. pour obtenir la coloration jaune.

En résumé, 1 c. c. de la solution mercurielle correspond à 0 gr. 010 d'urée (dix milligrammes).

Purification de l'urine. Avant d'opérer le dosage dans l'urine, cette dernière doit être débarrassée des sulfates et des phosphates qui précipiteraient de l'oxyde de mercure. Pour cela, on mélange 40 c. c. d'urine avec 20 c. c. de la solution de baryte n° 3, et on jette le tout sur un filtre sec. On prend alors, pour opérer l'essai, 15 c. c. du liquide filtré, qui correspondent à 10 c. c. d'urée. Les proportions d'urine et de baryte ci-dessus suffisent généralement pour purifier l'urine ;

mais si celle-ci est alcaline ou très-fortement acide, on mélange alors 40 c. c. d'urine et 30 c. c. de solution de baryte,
et on prendra pour l'essai 17 c. c. 5 du liquide filtré représentant 10 c. c. d'urine. Si l'on mélange volumes égaux d'u-
rine et de baryte, on prend alors 20 c. c. du liquide filtré
correspondant toujours à 10 c. c. d'urine.

Dosage de l'urée dans l'urine. Dans un vase à précipité, on
place le volume du liquide filtré correspondant à 10 c. c.
d'urine, soit par exemple 15 c. c. On laisse tomber dans le
vase, goutte à goutte, la solution mercurielle contenue dans
la burette de Mohr. Lorsque le mélange ne s'épaissit plus, on
en porte une goutte sur la solution saturée de carbonate de
soude contenue dans le verre de montre et placée sur un
fond noir pour mieux saisir les nuances. Si la tache produite est blanche, il y a encore de l'urée dans la liqueur, et
on fait couler de nouveau la solution mercurielle, jusqu'à ce
qu'en répétant l'essai, on obtienne une coloration jaune
bien évidente. Cette coloration doit être semblable à celle
que l'on a observée en titrant la solution mercurielle. Avec
l'habitude, on adopte une nuance qui servira pour tous les
dosages.

On calculera la quantité d'urée contenue dans l'urine, en
sachant que 1 c. c. de solution mercurielle équivaut à 0 gr.
010 d'urée.

Remarques. Au lieu d'essayer la fin de la réaction sur le
verre de montre, on la laisse s'opérer directement dans le
vase à précipité. On neutralise imparfaitement le mélange
par l'addition répétée fréquemment d'une solution alcaline.
Celle qui remplit le mieux les conditions voulues est une
solution de 25 grammes de potasse pour 1000 d'eau, recom-
mandée par M. Byasson. Pour le transport de cette solution,
on peut se servir avec avantage d'une pipette garnie à son
extrémité supérieure d'une petite vessie de caoutchouc, ou
d'un compte-gouttes.

Le premier dosage ne doit être considéré que comme approximatif et comme point de repère pour un second et un troisième dosage. Ayant noté le nombre de cent. cubes de solution mercurielle employés, on en laisse écouler dans le vase à précipité une quantité un peu plus faible, et à ce moment on en ajoute goutte à goutte jusqu'à apparition de la coloration jaune. On opère ainsi un troisième dosage et on prend la moyenne des résultats obtenus.

Causes d'erreur. — Les causes d'erreur qui influent sur la détermination exacte de l'urée par le procédé de Liebig sont la quantité d'urée, trop faible ou trop abondante, la présence du chlorure de sodium, du carbonate d'ammoniaque, de l'albumine, d'une substance azotée citée par Kletzinsky, de la créatinine, de l'allantoïne, de la guanine, de l'acide kryptophanique cité par Thudichum.

Corrections relatives à la quantité d'urée. — La première cause d'erreur citée par Liebig dépend de la quantité d'urée contenue dans la liqueur. La solution mercurielle est titrée en vue d'une solution d'urée contenant pour 10 cent. cubes 200 milligr. d'urée ou 2 pour 100 d'urée ; mais les résultats cessent d'être exacts, si la quantité est plus élevée ou plus faible. 15 cent. cubes de la solution normale d'urée exigent 30 cent. cubes de solution mercurielle, qui contiennent un excès de 156 milligr. d'oxyde de mercure. Cet excès est nécessaire pour obtenir la coloration jaune.

(a) L'urine contient plus de 2 pour 100 d'urée. — Dans le cas où l'urine contiendrait 3 ou 4 pour 100 d'urée, l'excès de mercure serait trop considérable ; la quantité de solution mercurielle nécessaire pour précipiter l'urée serait moins considérable, et l'expérience indiquerait donc moins d'urée qu'il n'y en a réellement.

Liebig corrige cette cause d'erreur, en mêlant avec 15 centimètres cubes d'urine une quantité d'eau égale à la moitié

de la différence entre 30 centimètres cubes et le nombre
de centimètres cubes de solution mercurielle qu'il a fallu
employer dans un premier essai. Supposons qu'on ait employé 46 centimètres cubes pour produire la coloration jaune,
on fera un essai définitif, après avoir étendu les 15 centimètres cubes d'urine de 8 centimètres cubes d'eau.

(b) *L'urine contient moins de 2 pour 100 d'urée.* — Si l'urine
contenait moins de 2 pour 100 d'urée, l'expérience ferait
évaluer trop haut la quantité de ce principe. Pour corriger
cette cause d'erreur, Liebig retranche du nombre des centimètres cubes de solution mercurielle ajoutés à l'urine, autant de fois 1 dixième de centimètre cube que le nombre 5 est
contenu dans la différence entre 30 centimètres cubes et le
nombre de centimètres cubes employés. Ainsi, si l'on a versé
20 centimètres cubes de solution de mercure, la quantité
d'urée ne correspond réellement qu'à 19 c. c. 8.

Correction relative à la présence du chlorure de sodium. — Le
dosage de l'urée dans l'urine présente une autre difficulté
que Liebig a essayé de vaincre et qui tient à la présence
du chlorure de sodium. On a vu que lorsqu'on verse dans
10 centimètres cubes de solution d'urée pure 20 centimètres cubes de solution mercurielle, le carbonate de soude
détermine dans ce mélange une coloration jaune; mais si
l'on y ajoute 200 milligrammes de sel marin, le carbonate
de soude ne produit plus ce phénomène. Pour obtenir le
précipité jaune d'oxyde de mercure, il faut ajouter un excès
de sel mercuriel, et, par conséquent, l'expérience indique
plus d'urée que la liqueur n'en renferme.

Voici comment on peut se rendre compte de ces phénomènes : l'azotate de mercure est transformé en bichlorure
de mercure par une quantité correspondante de chlorure de
sodium, et comme le carbonate de soude n'exerce aucune
action sur un mélange d'urée et de bichlorure de mercure,

la coloration jaune ne peut se produire qu'après avoir ajouté un excès de sel mercuriel.

Ordinairement, lorsque l'urine contient de 1 à 1 et demi pour 100 de chlorure de sodium, on retranche 2 centimètres cubes du volume de solution mercurielle employée, et on calcule la quantité d'urée contenue dans 10 centimètres cubes d'urine d'après le volume restant.

Lorsqu'il s'agit simplement d'essais comparatifs sur la quantité d'urée contenue dans diverses urines, dans lesquelles le chlorure de sodium peut varier entre certaines limites peu étendues, les résultats obtenus par la méthode décrite sont comparables entre eux; seulement, dans l'évaluation absolue de la quantité d'urée, on commet une faute qui, non corrigée, peut s'élever de 0 gr. 015 à 0 gr. 020. Dans le cas, au contraire, où il s'agit de la détermination précise de la quantité d'urée contenue dans une urine, il faut précipiter le chlorure de sodium en versant dans la liqueur de l'azotate d'argent, après avoir préalablement dosé le chlorure contenu dans l'urine. Cette méthode entraîne à des longueurs dont on peut se dispenser en employant la méthode de Rautenberg.

Méthode de Rautenberg. — Rautenberg a cherché à éliminer la cause d'erreur due à la présence du chlorure de sodium, et il y est arrivé en remplaçant le carbonate de soude par le bicarbonate. On a ainsi un réactif pour l'azotate de mercure seul, le bichlorure de mercure qui se forme aux dépens du sel marin que renferme l'urine n'étant pas précipité par le bicarbonate. Voici la manière d'opérer :

On prend deux portions égales de la liqueur renfermant l'urée (15 c. c.), et on ajoute à l'une quelques gouttes d'acide azotique et ensuite de la solution mercurielle, jusqu'à ce qu'il y ait un précipité permanent. Au moyen du nombre de centimètres cubes employés, on calcule la quantité de chlorure de sodium que contient le liquide.

La seconde portion sert à la détermination de l'urée ; on n'ajoute point d'acide, et on neutralise l'acide azotique au fur et à mesure qu'il est mis en liberté, par de petites parties de carbonate de chaux pur. On est sûr, que toute l'urée est précipitée lorsqu'une goutte du liquide présente la coloration jaune avec le bicarbonate de soude. En employant le bicarbonate de soude, on détruit complétement l'influence du sublimé, de telle sorte que l'on peut opérer exactement avec une urine contenant 1 ou 2 milligrammes d'urée. Le bicarbonate employé à cet usage ne doit pas contenir de protocarbonate ; pour cela, on le pulvérise finement, et on le lave avec un peu d'eau, jusqu'à ce que celle-ci ne brunisse plus le papier de curcuma.

Dosage dans l'urine albumineuse. — L'albumine étant précipitée par les sels de mercure, il faut préalablement la coaguler. Pour cela, on additionne l'urine de quelques gouttes d'acide acétique, on la chauffe au bain-marie dans un vase couvert. Lorsque l'albumine s'est coagulée en gros flocons, on laisse le liquide se refroidir et on le filtre. On dose l'urée dans le liquide filtré comme à l'ordinaire.

Dosage dans l'urine alcaline. — Liebig a trouvé que de l'urine putréfiée, si la décomposition n'était pas poussée trop loin, donnait fréquemment les mêmes résultats que l'urine fraîche, mais fréquemment on emploie une proportion plus considérable de solution mercurielle. Lorsqu'il s'agit d'obtenir des résultats exacts, il faut déterminer séparément l'ammoniaque et l'urée, et calculer celle-là sous forme d'urée.

On précipite une certaine quantité d'urine avec la solution barytique ; on chauffe au bain-marie, jusqu'à expulsion de l'ammoniaque, un volume représentant 10 cent. cubes d'urine, et ensuite on détermine, comme à l'ordinaire, l'urée qui s'y trouve contenue. Dans une seconde portion, non mélangée avec la solution de baryte, on dose l'ammoniaque par la méthode des volumes avec une solution titrée d'acide sulurique, dont chaque centimètre cube représente 11,32 milligrammes d'ammoniaque ou 20 milligrammes d'urée. (500 c. c. d'un acide de ce genre doivent contenir 16,333 de SO^3HO.)

Dosage dans l'urine diabétique. — On peut opérer le dosage comme à l'ordinaire, la glycose étant sans influence sur la solution mercurielle.

Elimination de la substance azotée (de Kletzinsky). — Kletzinsky a vu, dans une série d'expériences faites avec soin, qu'une substance azotée pouvait être séparée de la plupart des urines par l'acétate neutre de plomb et précipitée avec l'urée dans le dosage par la méthode de Liebig et comptée comme de l'urée dans le calcul de l'analyse. D'après cet auteur, la quantité de la substance azotée en question s'élevait, chez des personnes saines à 2, 3 et 4 pour 100, et s'est approchée de 12 pour 100 dans certaines maladies. Pour éviter l'erreur qui en résulte, on procède comme il suit : l'urine à essayer, préalablement acidifiée avec quelques gouttes d'acide acétique, est additionnée d'acétate neutre de plomb jusqu'à ce qu'il ne se forme plus de précipité, puis on précipite l'excès de plomb par l'hydrogène sulfuré, on filtre et on dose l'urée par la méthode de Liebig.

Limpricht a trouvé que l'allantoïne était aussi précipitée par l'azotate de mercure. Il en est de même de la créatinine et de la guanine.

Thudichum a trouvé dans l'urine normale un acide libre auquel il a donné le nom d'*acide kryptophanique* et qui possède la propriété d'être précipité par l'azotate de mercure. Cet auteur a fait remarquer, dans son étude sur cet acide, que le dosage ordinaire de l'urée est ainsi sujet à erreur et demande une correction de 5 à 10 pour 100 (?) pour l'acide kryptophanique. Thudichum ne donne pas la quantité de cet acide contenue dans l'urine, mais il y a très-probablement erreur dans cette estimation ou dans l'impression. Cet acide ne peut être éliminé par la baryte, parce que le kryptophanate de baryte est soluble ; mais il peut être précipité par l'acétate de plomb en se redissolvant dans un excès de ce réactif.

M. Salkowsky a publié dernièrement quelques faits pour servir à l'analyse de l'urine. Dans le dosage de l'urée par la méthode de Liebig, il ajoute quelques gouttes d'acide azotique à l'urine purifiée par la baryte, de manière à la rendre très-légèrement acide ; il introduit ensuite la solution mercurielle jusqu'à formation d'un trouble persistant. Ce n'est que la quantité de solution d'azotate de mercure, employée à partir de ce moment jusqu'à précipitation complète, que cet auteur considère comme correspondant à l'urée contenue dans la liqueur.

M. Byasson, qui a fait, par cette méthode, de nombreux dosages d'urée, y a apporté quelques modifications. Il se sert exclusivement d'une solution préparée avec l'oxyde de mercure pur et observe la coloration jaune finale dans le vase même où s'opère la réaction.

D'après ce qu'on vient de lire, on voit à combien d'erreurs la méthode de dosage de Liebig est sujette. Elle est cependant recommandable par la facilité de son exécution comme toutes les méthodes volumétriques. De nombreux observateurs l'ont employée à cause de cela même, mais plutôt pour des essais comparatifs que pour des recherches demandant une exacte précision.

De plus, cette méthode induit facilement en erreur pour l'appréciation de petites quantités d'urée, comme l'a constaté le Dr Quinquaud par de nombreuses recherches sur l'urine des nouveau-nés.

M. Guichard avait tenté plusieurs essais pour trouver un procédé plus sensible et plus précis que celui de Liebig. Il avait essayé de précipiter l'urée, en présence d'un alcali, par une liqueur titrée de bichlorure de mercure et de doser le mercure non précipité après filtration. Le dosage du mercure aurait été effectué par le procédé indiqué par M. Personne au moyen de l'iodure de potassium. Mais ce procédé n'a pas donné à son auteur les résultats qu'il en attendait, et il s'est empressé de le désavouer.

M. Bouchard, professeur agrégé à la Faculté de médecine de Paris, étudie dans ce moment un nouveau procédé de dosage de l'urée. Le résultat de ses recherches sera probablement publié dans les *Mémoires de la Société de Biologie*.

Procédé de M. Gréhant. — M. Gréhant décompose l'urée, par l'acide azoteux, en volumes égaux d'acide carbonique et d'azote et mesure les volumes obtenus des deux gaz. Il pratique cette opération dans un long tube, mis en communication avec la pompe pneumatique à mercure, et recueille les gaz dans des cloches graduées.

M. Gréhant s'est d'abord assuré que la réaction de l'acide azoteux sur l'urée produit des volumes égaux des deux gaz, et que, dans les liquides où il opère, l'urée seule est décomposée. Les liquides dans lesquels on veut doser l'urée doivent, avant le dosage, être privés des gaz qu'ils renferment naturellement. M. Gréhant les traite par une petite quantité d'acide azotique qui décompose les carbonates et déplace l'acide carbonique libre.

La machine pneumatique à mercure (1) est construite par MM. Alvergniat dans la forme qu'a adoptée Geissler pour l'extraction des gaz du sang. Le tube où se produit la réaction est un tube en verre très-épais, fermé à un bout, large de 2 centimètres environ et long de 80 centimètres à 1 mèt. L'extrémité ouverte légèrement effilée de ce tube, d'abord

(1). Voir : Biblioth. de l'Éc. des Hautes-Etudes, sect. sc. nat. 1. 1869, p. 276; Arch. de physiol., 1870, p. 629. Revue scientifique, 30 sept. et 18 nov. 1871. N. Gréhant, Manuel de physique médicale. Thèse Fac. des Sciences, Paris, janv. 1870. E. Hardy, Principes de chimie biologique, p. 241 et 439. Boutan et d'Almeida, Cours élément. de phys. 1, p. 135 (ancien modèle de pompe à mercure).

rempli d'eau distillée, est fixée à la pompe à mercure. On a toujours soin d'envelopper d'un manchon plein d'eau, *fer-meture hydraulique*, le caoutchouc épais qui sert à l'assemblage ; le robinet de la pompe, qui est à trois voies, est aussi entouré d'un manchon plein d'eau ; on extrait l'eau du tube maintenu incliné au-dessus de l'horizon (première position). Dès qu'on a fait à peu près le vide, on fixe dans le caoutchouc qui surmonte le robinet de la pompe, au milieu de la petite cuve à mercure, un entonnoir de verre dans lequel on verse la solution d'urée qu'il s'agit d'analyser. Par le robinet de la pompe, convenablement tourné, on fait pénétrer cette solution dans l'appareil, où elle est poussée par la pression atmosphérique.

Le tube est alors abaissé à 45 degrés au-dessous du plan horizontal passant par le robinet de la pompe (deuxième position). Il est plongé dans un bain d'eau chaude : deux ou trois mouvements de pompe servent à extraire les gaz simplement dissous dans la solution d'urée et à produire le vide absolu.

L'appareil à réaction est replacé dans la première position, et le réactif de Millon, versé par l'entonnoir, est introduit peu à peu, à travers le liquide qui renferme l'urée, par une manœuvre convenable du robinet de la pompe. Aussitôt des gaz se produisent, et quand on a introduit une quantité suffisante de réactif, l'appareil est ramené dans la seconde position après quelques mouvements d'agitation du liquide et des gaz, et il est plongé de nouveau dans l'eau chaude.

Les manœuvres de la pompe font passer les gaz provenant de la décomposition de l'urée directement dans une cloche graduée, placée dans la petite cuve à mercure, ou si le volume des gaz obtenus est assez considérable, on adapte au tube central de cette petite cuve un tube abducteur de verre, dont le calibre à demi capillaire a d'abord été rempli de mercure ; ce tube sert à conduire les gaz sous une grande cloche graduée en centimètres cubes, retournée sur une cuve à mercure. L'analyse des gaz ne présente aucune difficulté; l'acide carbonique est absorbé par la potasse; on absorbe le bioxyde d'azote, qui se produit toujours dans la réaction, par une dissolution de sulfate ferreux, et l'azote reste. Ce qu'il y a de plus commode pour se débarrasser du bioxyde d'azote, c'est de porter la cloche contenant du mercure dans une grande terrine remplie d'une solution saturée de sulfate de fer; on soulève la cloche, le mercure tombe et est remplacé par la solution saline; un bon bouchon de caoutchouc sert à fermer l'ouverture de la cloche, et l'on agite vivement le mélange gazeux jusqu'à ce que le volume du gaz restant devienne invariable. Quand on a ainsi décomposé de l'urée, les volumes d'azote et d'acide carbonique, obtenus à l'aide de cet appareil, sont rigoureusement égaux : 1 centigramme d'urée donne 3 cent. c. 7 d'azote et autant d'acide carbonique.

Calcul de l'analyse. — En prenant [la formule de l'urée $C^2 H^4 Az^2 O^2$, on trouve que 60 milligrammes d'urée donnent 22 cent. c. 36 d'acide carbonique ou d'azote pur et sec à 0 degré et à la pression de 760 millim., ou bien que 1 cent. cube de l'un ou de l'autre gaz représente 2 milligr. 683 d'urée pure.

M. Gréhant cite un exemple des analyses qu'il a faites par ce procédé. Dans l'appareil à réaction vide d'air, il a fait arriver 50 cent. cubes d'une solution d'urée au 1/1000, qui contient 50 milligr. d'urée; faisant le vide absolu et introduisant le réactif de Millon, il a obtenu des gaz qui, après analyse, lui ont donné : acide carbonique 20 cent. c. 5, et azote 21 cent. cub. 0.

Il reste à trouver à quel poids d'urée correspond l'un de ces volumes gazeux, l'acide carbonique par exemple. Pour cela, on applique la formule de correction gazométrique, et on cherche ce que devient à 0 degré, à la pression de 760 millim. et à l'état de sécheresse, ce volume de gaz mesuré à la température de 11°,5 à la pression de 743 millim. 7 et saturé de vapeur d'eau.

$$V^0 = 20c.c.,5 \times \frac{743,7 - 10,1}{(1 + 11,5 \times 0,00367) \times 760}$$

formule dans laquelle 10 millim. 1 est la tension maximum de la vapeur d'eau à la température de 11°,5 et 0,00367 le coefficient de dilatation des gaz, on a $V^0 = 20$ cc. $3 \times 0,925 = 19$ cent. cubes.

Chaque centimètre cube de gaz représentant 2 milligr. 683 d'urée, on aura $19 \times 2,683 = 51$ milligr. d'urée au lieu de 50, que M. Gréhant avait mis en opération. Les calculs peuvent être simplifiés par l'emploi des tables de Bunsen et de Regnault.

Dosage de l'urée dans l'urine. — On dose l'urée dans l'urine en suivant le même mode opératoire; seulement, pour l'urine des carnivores contenant beaucoup d'urée, il est bon de l'étendre d'eau afin d'éviter un volume gazeux trop considérable. Lorsque l'urine est alcaline, comme celle du lapin nourri de légumes, il est nécessaire de chasser d'abord l'acide carbonique et de décomposer les carbonates à l'aide d'une petite quantité d'acide azotique. Cette réaction peut se faire dans l'appareil même et permet de doser, si cela est nécessaire, la quantité d'acide carbonique libre et combiné. Je crois que l'emploi de l'acide tartrique serait préférable.

Dosage de l'urée dans le sang. — L'appareil et le procédé dont se sert M. Gréhant lui ont permis d'opérer de très-nombreux dosages de l'urée dans le sang. Il emploie l'extrait alcoolique du sang préparé selon sa méthode, qui a été décrite en partie précédemment.

*Réactif de Millon ifié. mod*Gré— M. hant n'emploie pas le réactif de Millon tel que ce chimiste l'a formulé. Il le prépare au moment même de l'opération en versant dans un verre à expérience un globule de mercure et un excès d'acide azotique concentré; le métal se dissout aussitôt, des gaz se produisent qui restent dissous dans le liquide acide en excès, et l'on obtient une liqueur verte que l'on introduit dans la solution d'urée quand il en est besoin. Ce réactif est beaucoup plus énergique que celui de Millon; la décomposition est des plus rapides; mais il produit une grande quantité de vapeurs nitreuses.

La réaction peut s'effectuer sur l'urée en présence des matières albuminoïdes, des matières grasses, des sels.

Remarques. — Les manœuvres qu'exige le fonctionnement de l'appareil dont se sert M. Gréhant et les opérations du procédé sont plus longues à décrire qu'à exécuter. J'ai fait plusieurs opérations de ce genre au laboratoire de physiologie de M. Cl. Bernard et M. Gréhant a bien voulu m'initier lui-même aux détails pratiques de son procédé, dont il m'a été permis de constater les avantages. Après un ou deux essais, on acquiert l'habileté suffisante à la pratique de cette méthode. Une petite difficulté, que je citerai pour mémoire, est celle du maniement du robinet à trois voies; ce dernier étant entouré d'une enveloppe en caoutchouc pleine d'eau pour maintenir le vide parfait, on n'a pas, au premier abord, toute la dextérité nécessaire aux conditions qu'il doit remplir; mais au moyen d'un index sensible au |toucher, placé sur ce robinet, on a vite tourné cette difficulté, dont on voit le peu d'importance.

Dans le procédé de Millon, on ne recueille que l'acide carbonique et on laisse perdre l'azote, tandis que dans le procédé de M. Gréhant on recueille ces deux gaz, comme dans l'analyse organique de l'urée, ce qui fournit un moyen de contrôle, et permet de rechercher quelle est l'influence, dans le dosage, de plusieurs substances étrangères à l'urée.

Ce procédé, qui donne d'excellents résultats, a malheu-reusement l'inconvénient d'exiger un appareil très coûteux, inconvénient qui en fait réserver l'usage aux laboratoires spéciaux.

CHAPITRE V.

PROCÉDÉ DE DOSAGE PROPOSÉ.

On a vu par l'énumération et l'étude des procédés de dosage de l'urée que chacun entraîne avec lui ou des causes d'erreur, des corrections, ou des obstacles à l'exécution.

Le dosage par la pesée de l'urée ou de ses sels est inexact, approximatif, à cause de leur solubilité;

Le procédé de Heintz est fondé sur une réaction dont toutes les conditions sont mal étudiées encore et dont les résultats ne sont pas nets, même avec l'urée pure ;

Le procédé de Bunsen exige une grande habitude des manipulations chimiques;

Celui de Leconte entraîne avec lui les erreurs des méthodes gazométriques, dans des mains peu exercées;

La méthode de Liebig, très-commode à cause de l'emploi des liqueurs titrées, est sujette à plusieurs causes d'erreurs ou corrections;

Le procédé de Millon, exact, réclame tous les soins d'une analyse organique.

Celui de M. Gréhant ne peut trouver sa place que dans les laboratoires spéciaux à cause de l'emploi de la pompe à mercure, appareil coûteux.

Il est difficile de réunir dans un procédé toutes les conditions d'exactitude et de facilité d'exécution. J'ai cherché dans la faible limite de mes moyens, un procédé tendant à satisfaire à ces exigences.

Le dosage de l'urée fondé sur la décomposition de celle-ci par l'acide azoteux, m'ayant paru mériter le plus de confiance, j'ai cherché à utiliser ce dernier réactif dans des conditions autres que Millon et M. Gréhant. Millon absorbe l'acide carbonique par la potasse et déduit l'urée de l'augmentation de poids. M. Gréhant recueille l'acide carbonique et l'azote à l'état gazeux et déduit l'urée d'après le volume obtenu. Il m'est venu à l'idée qu'il serait possible d'opérer la réaction analogue et de doser l'urée, d'après la perte de poids subie par l'appareil où se produirait la réaction, en opérant d'une manière analogue au dosage de l'acide carbonique par les méthodes de Frésénius, Will, Mohr et d'autres auteurs. Pour réaliser ce projet, deux conditions étaient nécessaires :

1° S'assurer d'abord de l'action qu'exerce l'acide azoteux sur l'urée, c'est-à-dire chercher si, par la décomposition de celle-ci, il se forme des volumes égaux d'acide carbonique et d'azote et quels sont les corps qui se forment après cette décomposition.

2° Trouver un appareil qui, par sa construction et sa légèreté, permette d'opérer la décomposition dans toutes les conditions requises et permette d'apprécier les pertes de poids les plus minimes.

Après avoir étudié ces deux conditions, j'ai aussi recherché quelle pouvait être l'influence de l'acide azoteux sur diverses matières que l'urine contient à l'état physiologique ou pathologique.

1° Action de l'acide azoteux sur l'urée. L'action de l'acide azoteux sur l'urée a été interprétée de diverses manières. Quelques chimistes n'admettent pas la formation de volumes égaux d'acide carbonique et d'azote et donnent l'équation suivante :

$$C^2H^4Az^2O^2 + 2AzO^3 = 4HO + 4Az + 2CO^2.$$

(Gerhardt, Würtz, Hoppe-Seyler, Limpricht, Gorup-Besanez.) La plupart des auteurs classiques ont reproduit cette manière de voir.

Quelques-uns, Millon entre autres et d'après Wœhler, citent la décomposition de l'urée en volumes égaux, mais sans la formuler par une équation.

M. Berthelot admet la décomposition de l'urée par l'acide azotique chargé d'acide azoteux, en eau, acide carbonique et azote, ces derniers à volumes égaux.

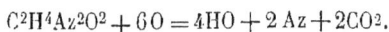

$$C^2H^4Az^2O^2 + 6O = 4HO + 2\,Az + 2CO^2.$$

Prévost et Dumas, en faisant l'analyse organique de l'urée par l'oxyde de cuivre, avaient déjà constaté, en 1823, que l'urée se dédouble en volumes égaux d'acide carbonique et d'azote.

M. Gréhant a démontré cette réaction d'une manière plus frappante en décomposant l'urée dans un appareil communiquant avec la pompe à mercure. Hoppe-Seyler a contesté les résultats de M. Gréhant, mais il est facile de voir que cette contestation est sans fondement.

Dans l'action du chlore et des hypochlorites, il y a également production de volumes égaux des deux gaz et la même chose se passe dans l'action de tous les corps oxydants sur l'urée.

Aucun des auteurs précédents ne signale, dans l'action de l'acide azoteux sur l'urée, la production constante d'ammoniaque ; cependant il est facile de vérifier la présence de cette dernière, en traitant la liqueur avec laquelle on a opéré, par la potasse caustique ; il se dégage une odeur fortement ammoniacale et un papier rouge de tournesol, plongé dans l'atmosphère du vase, bleuit promptement. La vraie réaction de l'acide azoteux sur l'urée peut être exprimée ainsi :

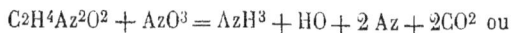

$$C^2H^4Az^2O^2 + AzO^3 = AzH^3 + HO + 2\,Az + 2CO^2 \text{ ou}$$

$$C^2H^4Az^2O^2 + AzO^5,HO + AzO^3 = AzH^3,AzO^5,HO + HO + 2Az + 2CO^2.$$

La production d'ammoniaque a déjà été signalée par Liebig, Wœhler, Ludwig, Schlossberger, Krohmeyer et Neubauer.

Ayant constaté, par des expériences faites avec le procédé de M. Gréhant, qu'il se produit bien la quantité d'azote et d'acide carbonique, indiquée par l'équation, il restait à savoir s'il en était de même de la proportion d'ammoniaque. Pour cela j'ai dosé l'ammoniaque produite dans cette réaction, par les méthodes de Boussingault et Péligot, et j'ai pu constater l'exactitude des prévisions théoriques.

L'urée (0 gr. 50) placée depuis longtemps à l'étuve et desséchée avec le plus grand soin à 100° pendant 12 heures, a été traitée par l'acide azoteux en dissolution dans l'acide azotique ou par le réactif de Millon; la réaction commencée à froid a été terminée à une douce chaleur. Le mélange résultant de cette réaction a été traité par la potasse pour en dégager l'ammoniaque et l'absorber au moyen de l'acide sulfurique titré. L'opération a été faite dans l'appareil suivant : un ballon de 150 à 200 centimètres cubes de capacité porte un bouchon percé de deux trous, dans lesquels passent un tube à pointe effilée ou à robinet et un tube coudé à boule, pour retenir la majeure partie de l'eau entraînée. Ce dernier communique avec un tube de Will ou mieux encore avec un tube en U à boules, proposé par Mulder, qui présente de plus grandes dimensions et convient mieux lorsque, comme dans le cas présent, il y a une certaine quantité d'eau entraînée. Ce tube, contenant dix centimètres cubes d'acide sulfurique titré étendus d'eau et placé dans de l'eau froide, est relié par un tube en caoutchouc à un flacon aspirateur destiné à opérer un courant d'air dans l'appareil, à la fin de l'opération. Tout l'appareil était disposé de façon à éviter les pertes de gaz. Le ballon placé dans un bain-marie au sel marin, a été chauffé de manière à arriver lentement à la température de l'ébullition et que le gaz passe bulle par bulle dans le tube à boules. La réaction terminée, un courant d'air a été pratiqué dans l'appareil, en faisant fonctionner l'aspirateur et cassant la pointe effilée du tube adapté au ballon. Le liquide du tube à boules présentait encore une réaction acide et dans le ballon, on ne percevait aucune odeur amoniacale. L'acide sulfurique a été titré de nouveau avec le sucrate de chaux et le calcul a indiqué la quantité d'ammoniaque absorbée.

D'après l'équation précédente un équivalent d'urée $= 60$ doit produire un équivalent d'ammoniaque $= 17$ ou 0 gr. 50 d'urée doivent produire 0 gr. 1416 d'ammoniaque.

Les 10 centimètres cubes d'acide sulfurique titré (correspondant à 0 gr. 2125 d'ammoniaque exigeaient avant l'opération 28 c. c. 4 de sucrate de chaux et n'en exigeaient plus après que 10 c. c. 2. La quantité d'ammoniaque obtenue a été calculée au moyen de la formule :

$$X = p \times \frac{V - v}{V} \text{ ou } X = 0,2125 \times \frac{28,4 - 10,2}{28,4} . \ X = 0,1361$$

Ainsi au lieu de 0 gr. 1416, chiffre indiqué par la théorie, j'ai obtenu 0 gr. 1361, c'est-à-dire une différence de 0 gr. 0055 quantité assez faible. Dans d'autres analyses j'ai obtenu les chiffres 0, 1326 ; 1334; 0,1345; 0, 1401.

Pour vérifier l'exactitude du procédé opératoire, j'ai fait des dosages comparatifs avec le chlorhydrate d'ammoniaque ; un équivalent de chlorhydrate d'ammoniaque doit produire un équivalent d'ammoniaque ou 0 gr. 50 de ce sel doivent fournir 0,15887 de cette base. Or j'ai trouvé 0,1568 ; 0,1542, 0,1572.

M. Boussingault a obtenu des chiffres plus exacts, mais il opérait avec la machine pneumatique et dans de meilleures conditions. Je puis donc, d'après les faibles différences observées, considérer ces essais comme exacts et affirmer que la quantité d'ammoniaque produite dans l'action de l'acide azoteux sur l'urée correspond à celle qu'indique la théorie.

En résumé, l'acide azoteux en agissant sur l'urée produit de l'eau, de l'ammoniaque et des volumes égaux d'azote et d'acide carbonique dans les proportions exigées par l'équation :

$$C^2H^4Az^2O^2 + AzO^3 = AzH^3 + HO + 2Az + 2CO^2 \text{ ou}$$

$$C^2H^4Az^2O^2 + AzO^5,HO + AzO^3 = AzH^3,AzO^5,HO + HO + 2Az + 2CO^2$$

2° Description de l'appareil et dosage de l'urée. —

Les conditions de la réaction, sur lesquelles est basé le procédé, étant nettement établies, j'ai essayé de doser l'urée d'après les considérations suivantes :

La réaction, en ce qui concerne les gaz produits et dégagés à l'état libre, peut se résumer ainsi :

$$C^2H^4Az^2O^2 = 2Az + 2CO^2.$$
$$60 \quad = 28 + 44.$$
$$\overline{\quad 72 \quad}$$

C'est-à-dire que 60 gr. d'urée produisent 72 gr. d'azote et d'acide carbonique, ou que 100 gr. d'urée produisent 120 gr. de ces gaz.

On voit donc que ce corps, en se décomposant sous l'influence de l'acide azoteux, produit un poids de gaz plus élevé que le sien et susceptible d'être apprécié facilement par la pesée. Il fallait donc trouver un appareil où la réaction pût s'effectuer convenablement et dont le poids permît de le placer sur une balance de précision.

Parmi les nombreux appareils, construits pour le dosage de l'acide carbonique, d'après la perte de poids, ceux de Geissler sont les préférables. J'ai choisi parmi eux ceux dont le dessin est donné ci-contre et permettant l'emploi de deux liquides. Leur poids, vides, est de 45 à 50 gr. et avec les liquides nécessaires, de 80 à 90 gr. au plus.

D'après le calcul ci-dessus, 0 gr. 20 d'urée doivent produire 0 gr. 240 de gaz mélangés. J'ai cherché si cette quantité d'urée, par exemple, décomposée dans les deux appareils leur ferait subir cette perte de poids d'une manière exacte et constante :

0 gr. 20 cent. d'urée pure, soigneusement desséchée à 100°, sont introduits dans le vase A de l'appareil (fig. 1) par par la tubulure a et dissous dans le vase même par l'addition, au moyen d'une pipette, de 10 à 15 centimètres cubes d'eau.

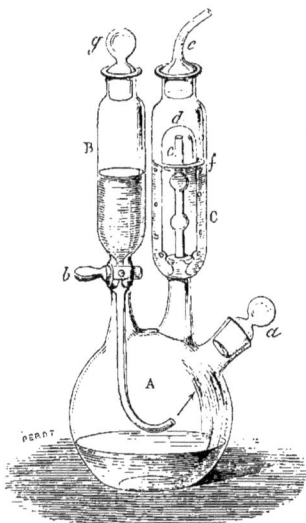

Fig. 1.

Dans la tubulure B, le robinet b étant fermé, on verse 10 à 12 c. c. d'azotite de mercure (réactif de Millon).

Dans la tubulure C, on place de l'acide sulfurique pur et concentré, de manière que ce liquide atteigne dans les deux compartiments d et f le niveau inférieur de la petite boule placée le plus haut.

Tous les liquides doivent être introduits de préférence avec des pipettes, de façon à éviter autant que possible, de mouiller les parois du vase. Les bouchons et les goulots sont essuyés afin qu'ils ne retiennent aucune trace de liquide et toute la surface de l'appareil est essuyée elle même, avec du papier de soie, pour lui enlever la vapeur d'eau condensée ou la poussière.

L'appareil est alors pesé sur une balance de précision, et le poids obtenu noté.

À ce moment, on ouvre le robinet *b* et on soulève le bouchon *g* pour faire écouler en A le réactif de Millon, partiellement ou totalement. Le robinet et le bouchon sont remis à leur place primitive.

Il se forme un précipité blanc de sous-sel ou d'oxyde de mercure et immédiatement des bulles gazeuses se dégagent, et passent successivement dans le tube à boules *c*, dans la cloche *d* et, en refoulant l'acide sulfurique, par deux orifices placés à la base de cette cloche. De l'enveloppe extérieure *f*, les gaz se rendent par le bouchon tubulé *e* dans l'atmosphère, après avoir cédé à l'acide sulfurique la vapeur d'eau et le bioxyde d'azote qu'ils ont entraînés.

Lorsque le dégagement gazeux a cessé à froid, on place l'appareil sur un petit bain de sable, très-modérément chauffé, pour terminer la réaction. Il n'est pas nécessaire de porter le liquide à l'ébullition. Tout dégagement ayant cessé, on adapte un tube en caoutchouc mince au bouchon tubulé *e* et on le relie à un flacon aspirateur de manière que, le robinet *b* étant ouvert et le bouchon *g* soulevé, les gaz de l'appareil soient balayés par un très faible courant d'air et passent bulle par bulle dans le système C. L'atmosphère produite par la réaction est alors remplacée par une atmosphère d'air pur et les gaz ont été purifiés par l'acide sulfurique.

L'appareil, enlevé du bain de sable et séparé de l'aspirateur, est mis à refroidir complétement dans la cage de la balance, on l'essuie et on le pèse de nouveau. La différence du poids actuel, avec celui qui a été noté précédemment, indique le poids du mélange d'azote et d'acide carbonique, produits par la décomposition de l'urée. — Cette différence entre les deux pesées servira à calculer la quantité d'urée contenue dans un liquide quelconque, sachant qu'à un poids de 120 de gaz dégagés correspondent 100 d'urée.

Je cite comme exemple le premier essai que j'ai pratiqué avec cette méthode, c'est-à-dire dans des conditions où l'on peut s'attendre à moins d'exactitude ; les résultats suivants furent obtenus :

Poids de l'appareil avant la réaction	82 gr.	675
— après la réaction	82 gr.	430
Perte de poids due au dégagem. de Az et CO_2.	0 gr.	245

Le premier essai donna donc 0 gr. 245 de dégagement gazeux au lieu de 0 gr. 240, chiffre indiqué par la théorie comme provenant de la décomposition de 0 gr. 20 d'urée. La différence est de 0 gr. 005 milligr. en plus, ce qui fait qu'en calculant l'urée, d'après la donnée de l'opération, on aurait trouvé 0 gr. 2041 au lieu de 0 gr. 200 employés.

A la suite de cet essai préliminaire, d'autres ont été pratiqués en effectuant les pesées de l'urée et de l'appareil avec une exactitude plus rigoureuse. Alors en se basant sur l'emploi de 0 gr. 20 d'urée donnant 0 gr. 240 de gaz, j'ai obtenu plusieurs fois 0 gr. 240 et des chiffres tantôt au-dessus, tantôt au-dessous : 0,235 ; 0,238 ; 0,242 ; 0,244. La légère erreur commise a toujours été constatée tantôt supérieure, tantôt inférieure et cela dans les limites les plus étroites.

J'ai opéré des essais avec des solutions d'urée, préparées par d'autres personnes et dont j'ignorais le titre. Dans un cas comme exemple, je trouvai comme moyenne de trois analyses 19 gr. 861, alors que la liqueur renfermait 20 grammes d'urée pour 1,000.

L'appareil de la figure 1 présente un inconvénient vers la fin de l'opération. Il ne faut pas le laisser refroidir brusquement, c'est-à-dire l'enlever du bain de sable, sans le mettre en communication avec l'aspirateur, car, à ce moment, il se produirait un phénomène d'absorption qui aurait pour effet l'élévation de l'acide sulfurique dans la cloche _d_ et son passage par la tubulure _c_ dans le vase A ; l'opération serait ainsi troublée ou annulée.

L'appareil de la figure 2 ne présente pas cet inconvénient. Le niveau de l'acide sulfurique ajouté doit naturellement être inférieur à celui de l'extrémité du tube *c*. Quand la pression est plus forte dans l'appareil, cet acide est refoulé dans l'ovoïde D ; le contraire a lieu quand la pression diminue, il

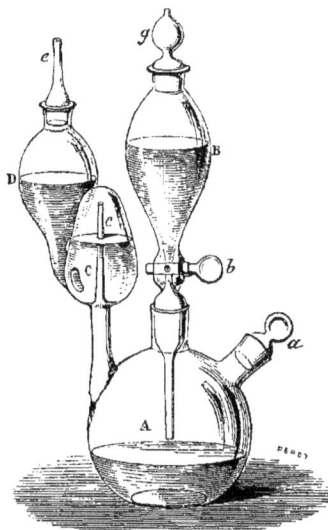

Fig. 2.

redescend dans l'ovoïde C, mais sans pouvoir pénétrer en A, par le tube intérieur *c*. De cette manière, si l'appareil vient à se refroidir subitement, il n'y a pas de danger, car alors quelques bulles d'air rentrent dans l'appareil et rétablissent l'équilibre. Dans ce système, la tubulure B est mobile. Cet appareil fonctionne comme le premier et je crois inutile de lui consacrer une description plus étendue. Les robinets des deux appareils et la tubulure de l'appareil figure 2 devront être graissés ou paraffinés, afin de les maintenir toujours libres et d'éviter l'encrassement par le sel de mercure. Il est préférable de remplacer le bouchon de verre de la tubulure *a* par un bon bouchon de liége très-fin.

L'acide sulfurique devra être renouvelé très-fréquemment,

si l'on veut assurer une absorption complète du bioxyde d'a-
zote.

Il existe d'autres appareils de ce genre (1) et peut-être
pourrait-on se servir de l'appareil de Mohr, qui sert à doser
l'acide carbonique ; c'est-à-dire d'un petit ballon portant deux
tubulures, dont l'une contiendrait le réactif de Millon et
l'autre de la ponce imbibée d'acide sulfurique. Mais je doute
qu'il remplisse bien toutes les conditions requises.

Le réactif dont je me suis servi avec le plus d'avantage
est le réactif de Millon plus concentré, contenant moitié
moins d'eau. Pour le préparer, on fait dissoudre 125 grammes
de mercure dans 170 grammes d'acide azotique pur et concentré ; la dissolution se fait à froid, on l'achève à une
douce chaleur ; on mesure le volume de solution mercurielle
obtenue et on lui ajoute un volume égal d'eau distillée. Ce
réactif ne se trouble pas et se conserve très-bien ; il agit plus
rapidement à froid, que celui dont Millon a recommandé l'u-
sage, et son action est régulière. J'avais essayé d'employer
une sorte de dissolution d'acide azoteux, c'est-à-dire la liqueur verte qu'on obtient en traitant, comme le fait M. Gréhant, un globule de mercure par un peu d'acide azotique
froid ; mais avec ce réactif on obtient une action trop vive et
trop prompte.

On a cru devoir objecter à ce procédé que le bioxyde d'a-

(1) On trouvera la description et la figuration de divers appareils dans
les ouvrages suivants :

Fresenius. Tr. d'analyse quant., trad. franc., Paris, 1867, p. 363,
364, fig. 71 et 72 et p. 365. Note bibliogr.

Mohr. Lehrbuch der Chem. analyt. Titrirmethode, 3e éd. all. Brun-
swick, 1870, p. 493 à 496.

Mohr. Tr. d'anal. chim. à l'aide de liq. titrées, trad. franç., 1867,
p. 136-137.

On peut se procurer à Paris plusieurs systèmes d'appareils de ce genre
chez MM. Alvergniat frères, fabricants d'instruments de précision, passage
de la Sorbonne.

zote, produit dans la réaction, n'était pas complétement absorbé par l'acide sulfurique, et que par conséquent ce gaz, se dégageant en même temps que l'azote et l'acide carbonique, faussait les résultats. Je répondrai d'abord que la constance des résultats obtenus et dont j'ai cité quelques exemples entre tous ceux observés, donne peu de poids à cette objection, car la petite différence, tantôt supérieure, tantôt inférieure, est celle qui se rencontre dans toutes les analyses. Ensuite, je ferai remarquer qu'il ne se produit pas une quantité de bioxyde d'azote aussi considérable qu'on l'a pensé et qu'il n'est pas nécessaire de chauffer le mélange jusqu'à l'ébullition, comme Millon le recommandait dans son procédé.

On sait que l'acide sulfurique absorbe le bioxyde d'azote d'une manière très-énergique; cette propriété est utilisée dans l'industrie.

Du reste, il est facile de s'assurer que, parmi les gaz qui se dégagent de l'appareil, il n'y a pas de bioxyde d'azote. Au moyen d'un tube en caoutchouc et d'un tube de verre minces, reliés au bouchon tubulé e, on fait rendre les gaz dans un tube à essai contenant de l'acide sulfurique et du sulfate de fer; il ne se produit pas la coloration caractéristique des produits nitreux. De même, faisant arriver les gaz dans une solution d'iodure de potassium, contenant de l'empois d'amidon, on n'observe pas de coloration bleue.

On a pensé aussi que la pierre ponce imbibée d'acide sulfurique, offrant plus de surface, dessèche mieux les gaz et est plus apte à absorber le bioxyde d'azote. Mais je crois que la bulle gazeuse, rencontrant la résistance d'un liquide très-dense comme l'acide sulfurique et celle résultant de la construction même de l'appareil, subit une modification dans sa forme qui met en contact toutes ses parties avec le liquide. La pierre ponce a l'inconvénient de laisser circuler les gaz par de fausses voies.

L'urée, dont je me suis servi dans ces essais, était de

l'urée parfaitement pure, desséchée pendant très-longtemps à une température de 50° à 60° environ et ensuite à la température de 100° pendant quelques heures. L'urée ainsi desdéchée est très-hygrométrique et s'attache facilement au papier glacé, sur laquelle on veut la peser. On évite cet inconvénient en la pesant dans un petit tube de verre taré et bien sec.

Application à l'urine. Le dosage de l'urée dans l'urine s'effectue de la même manière que précédemment. On introduit 10 cent. cubes d'urine filtrée, avec une pipette, dans le vase A par la tubulure a ; on met les liquides à leurs places respectives, on essuye l'appareil et on le pèse. On tourne le robinet b pour donner lieu à l'écoulement du réactif; la réaction commencée à froid est terminée, à une douce chaleur, sur le bain de sable. On pratique l'aspiration, ou laisse refroidir et on pèse de nouveau. Il s'est dégagé une quantité de gaz correspondant à la décomposition de l'urée contenue dans l'urine et il y a perte de poids.

On calcule l'urée x. d'après la perte de poids p obtenue, sachant qu'à 120 de gaz correspondent 100 d'urée.

$$\frac{120}{100} = \frac{p}{X} \ ; \ X = \frac{p \times 100}{120} \ \text{ou} \ X = p \times \frac{5}{6}$$

On pourrait aussi se servir du coefficient 0,8333 qui est un rapport très-rapproché entre l'urée et la quantité de gaz.

Supposons que 10 c. c. d'urine aient donné une perte de poids égale à 0 gr. 285, on opérera le calcul suivant :

$$X = \frac{0,285 \times 5}{6} = 0 \ \text{gr. } 23758 \ \text{ou}$$

$$X = 0,285 \times 0,8333 = 0 \ \text{gr. } 23749$$

10 cent. cubes d'urine contiennent 0 gr. 23758 d'urée.

1000   —   —   23 gr. 758   —

Un dosage d'urée demande tout au plus trois quarts d'heure, pendant lesquels une partie de l'opération se fait sans qu'il soit nécessaire de la surveiller. Il est préférable, lorsqu'on

a le temps, de laisser la réaction se faire à froid le plus longtemps possible. On comprend qu'avec une série d'appareils, on peut, s'il y a lieu, faire plusieurs dosages à la fois.

Lorsqu'on ajoute de l'urée à une urine, dont on connaît,
par des dosages précédents la valeur en urée, on retrouve
la quantité ajoutée. Ainsi dans le cas de l'urine précédente,
donnant une perte de poids de 0 gr. 285, on ajouta 0 gr. 10
d'urée et la perte de poids devint 0 gr. 401. au lieu de 0 gr.
405 que l'on aurait dû obtenir et se définissant ainsi : 0 gr.
285 pour l'urine et 0 gr. 120 pour l'urée ajoutée.

Remarques — L'urine humaine contient des gaz libres :
Oxygène, azote et acide carbonique. Proust, Berzélius,
Brandes, Magnus, Marcet, Woehler, Vogel, R. F. Marchand
et Boussingault en ont constaté la présence et quelques uns
ont dosé ces gaz. Les travaux les plus récents sur ce sujet
sont dus à M. E. Morin ; ils sont fondés sur de très nombreuses analyses; voici la moyenne des estimations sur 1000
c. c. d'urine normale :

	Acide carbonique.	Oxygène.	Azote.
Urine à l'état de repos	11 c.c. 877	0 c.c. 493	7 c.c. 494
Urine de la marche	22 c.c. 880	0 c.c. 466	8 c.c 214
Moyenne de ces deux résultats	17 c.c. 378	0 c.c. 479	7 c.c. 854

Je suppose cette dernière moyenne représentant la quantité de gaz contenue dans l'urine, soit en totalité 25 à 26
cent. cubes de gaz par litre.

En chauffant l'urine dans l'appareil précédent, ces gaz
doivent se dégager en même temps que ceux de la réaction,
ce qui occasionne une légère cause d'erreur dans le dosage ;
on peut éviter cette dernière en chauffant légèrement l'urine
avec un peu d'acide tartrique et en opérant sur l'urine ainsi
traitée.

— L'urine des herbivores contient de l'acide carbonique
libre et des carbonates : on lui fera subir le même traitement
pour chasser les gaz et décomposer les carbonates.

— Il n'y a pas d'inconvénient à précipiter l'urine par

l'acétate de plomb, pourvu qu'on prenne dans l'essai une quantité de liquide en conséquence de ce traitement.

— Les urines diabétiques, albumineuses et bilieuses ainsi que d'autres urines pathologiques, laiteuses, chyleuses, purulentes, etc., n'exigent aucun traitement préalable, à part la filtration. Le dosage de l'urée n'en ressent aucune influence.

— L'urine, contenant du carbonate d'ammoniaque, est précipitée par l'eau de baryte et chauffée au bain marie jusqu'à expulsion de l'ammoniaque ; on dose ensuite l'urée dans un volume représentant 10 c. c. d'urine.

Influence des substances étrangères à l'urée. — Millon avais déjà remarqué avec son procédé que les acides urique, hippurique, acétique, oxalique, lactique, butyrique, l'albumine et le sucre de diabète, sont sans influence sur le dosage de l'urée par l'acide azoteux.

Bunsen a essayé le dosage, par sa méthode, avec de l'urée pure ou mélangée de matières animales telles que, lait, albumine, sang, fibre musculaire, graisse, salive, mucus nasal, sucre de diabète et de matières salines diverses et a obtenu les mêmes résultats dans les deux cas.

D'un autre côté, M. Leconte attribue, dans son procédé, une grande importance aux substances azotées contenues dans l'urine. Il dit que l'hypochlorite de soude agit, sur l'urine non purifiée, avec plus de rapidité que sur l'urine traitée par l'acétate de plomb et sur l'urée naturelle. De cette différence d'action, il conclut que l'urine renferme des substances azotées plus facilement attaquées par le chlore que l'urée elle même. M. Leconte ajoute même, que dans l'urine non purifiée, les matières azotées augmentent la quantité d'azote de 1/20 ou 54 pour 1000.

Je n'ai pas répété les expériences de M. Leconte avec le chlore ; mais je n'ai pas remarqué de différence sensible dans la rapidité de l'action de l'acide azoteux sur l'urée pure, sur l'urine ordinaire et sur l'urine traitée par l'acétate de plomb; j'aurais plutôt vu le contraire de M. Leconte c'est-à-dire, il m'a paru que, lorsqu'on fait tomber le réactif de Millon dans la solution d'urée pure ou dans l'urine purifiée, le dégagement commence instantanément et que dans l'urine ordinaire, il ne se fait qu'un instant après. La différence est peu sensible évidemment, mais je l'ai observée dans ce sens; cela se comprend, du reste en songeant que dans l'urine ordinaire, l'urée est intimement mêlée à diverses substances qui l'enveloppent, et précipitent d'abord l'oxyde de mercure ; tandis que, dans les deux autres cas, l'urée se trouvant seule dans le liquide, l'action du réactif n'est pas gênée mécaniquement.

J'ai essayé l'action du réactif de Millon sur les substances dont ce chimiste a donné la liste et qui sont celles que l'on rencontre le plus souvent dans l'urine : j'y ai ajouté l'acide tartrique dont je me sers dans quelques cas. Les substances, énumérées par Bunsen se rencontrent plus rarement et peuvent se rapporter aux premières. Cette action, observée séparément, ou sous le rapport de l'influence qu'elle pourrait exercer sur le dosage de l'urée, est nulle. Ajoutées à l'urée pure dans de nombreux dosages opérés avec l'appareil précédent, ces substances n'ont pas fait subir de modification aux résultats.

A ces substances, je pense devoir joindre la créatine et la créatinine qui sont contenues dans l'urine normale et la xanthine, l'hypoxanthine, la guanine, la leucine, la tyrosine que l'on peut rencontrer dans certaines urines pathologiques; quant à l'allantoïne, dont j'avais préparé une certaine quantité à cet effet, diverses circonstances n'ont empêché d'étudier son influence; mais j'espère revenir plus tard sur ce sujet.

Ces diverses substances chauffées dans un tube à essai avec le réactif de Millon ne produisent pas de dégagement gazeux dû à leur décomposition ; la leucine et la tyrosine produisent la belle coloration rouge, caractéristique des matières protéiques.

Ajoutées à l'urée pure, dans l'appareil de dosage, elles n'ont pas augmenté la perte de poids, comme on pourrait le prévoir, d'après les propriétés de quelques-unes d'entre elles, qui sont attaquées par l'acide azoteux, mais cela dans des conditions spéciales autres que celles du dosage. En effet, on verra par l'étude de ces diverses substances que par l'action des agents oxydants sur certains corps, il se produit simultanément ces substances elles-mêmes, de l'urée et de l'acide azoteux ; on constatera en même temps que ces substances restent dans les liqueurs, que l'urée est immédiatement décomposée par l'acide azoteux, réaction qui se traduit par l'effervescence des liquides.

On peut se rendre compte de cette action élective de l'acide azoteux, en songeant à quelle mobilité sont soumis les éléments de l'urée, sous des influences relativement trèsfaibles.

J'ai opéré des expériences comparatives surtout avec de la créatine et de la créatinine, que M. Roussin, professeur au Val-de-Grâce, avait retirées de l'urine, en opérant sur de très-grandes quantités, et dont il a bien voulu me céder une partie pour faciliter mes essais. Je lui en exprime ici toute ma reconnaissance.

D'après ce qu'on pensait de la créatine, de la créatinine et de l'acide azoteux, on avait conclu que, dans l'urine, ces substances devaient naturellement être décomposées en produits gazeux ; mais, dans la réaction telle qu'on l'opère dans ce procédé, les choses ne se passent pas de la même manière que lorsqu'on fait passer un courant d'acide azoteux sur la créatine en solution concentrée. Dans l'opération du dosage, la créatine et la créatinine se trouvent en présence d'un excès d'acide azotique et d'un sel de mercure. Or, ces deux substances sont des bases énergiques, qui forment des azotates et qui sont précipitées par l'oxyde de mercure. Il est donc naturel de prévoir que dans ces conditions, l'acide azoteux agit exclusivement sur l'urée. Si dans un tube à essai, contenant du réactif de Millon, on fait tomber quelques cristaux d'urée et un peu de créatinine, on verra l'urée être immédiatement décomposée et la créatinine rester inattaquée.

M. Gréhant pense de même qu'il n'y a pas lieu de comparer l'action de l'acide azoteux sur la créatine et la créatine à celle de ce même agent sur l'urée. En faisant agir un grand excès de réactif de Millon sur 0 gr. 10 de créatinine, dans l'appareil de la pompe à mercure, à une température de 100° très-prolongée, il n'a obtenu que des quantités de gaz très-minimes, bien loin de celles que fait supposer la formule de ce corps.

J'ai répété ces expériences au laboratoire de physiologie du Muséum, en opérant avec la pompe à mercure, et je suis arrivé à des résultats bien plus faibles encore, pour ne pas dire nuls. En calculant même l'urée d'après les quantités de gaz obtenues (qui peuvent provenir d'autres causes) et d'après la quantité moyenne de créatinine contenue dans l'urine, l'erreur en plus serait de 0 gr. 0429 à 0,08 par litre, erreur très-faible, comme on le voit, et qui, je pense, ne doit pas entrer en ligne de compte.

Quant aux autres substances, je n'ai pu, à cause de la rareté de quelques-unes, opérer qu'un nombre d'essais assez restreint; mais ces essais, effectués avec le plus grand soin, m'ont permis d'avoir sur le compte de ces substances la même opinion que sur la créatine et la créatinine.

En résumé, je pense que dans le dosage de l'urée, par la décomposition au moyen de l'acide azoteux, l'urée seule est détruite, à l'exclusion des substances suivantes, qui se trouvent normalement ou accidentellement dans l'urine : acide urique, acide hippurique, acide acétique, acide oxalique, acide tartrique, acide lactique, matières albuminoïdes, sucre de diabète, créatine, créatinine, xanthine, hypoxanthine, guanine, leucine, tyrosine. L'action de l'acide azoteux sur l'allantoïne dans ce dosage sera déterminée plus tard.

Je vais maintenant résumer en quelques mots les avantages que je crois trouver à ce procédé et les objections qui m'ont été faites.

Ce procédé est basé sur une réaction, dont toutes les conditions ont été déterminées d'une manière exacte par l'estimation des gaz formés et par le dosage de l'ammoniaque.

Il remplit les conditions d'exactitude, de facilité et de rapidité désirables.

Il est applicable au dosage de petites quantités d'urée.

Il n'exige pas de corrections pour les corps contenus normalement dans l'urine; cependant, dans un dosage demandant une rigoureuse exactitude, il faudra éliminer les gaz libres de ce liquide, opération peu importante.

Les objections faites à ce sujet ont été d'abord la possibilité de la non complète absorption du bioxyde d'azote par l'acide sulfurique (objection à laquelle j'ai répondu précédemment), et ensuite l'emploi d'un appareil fragile, la nécessité d'une balance de précision.

Ces objections n'ont pas une importance majeure, et je propose donc l'emploi de ce procédé dans la pratique, où j'espère lui voir tenir une place avantageuse.

RÉSUMÉ.

Les sujets sur lesquels j'ai insisté principalement dans cette étude sont:

1° Action du zinc sur l'azotate d'urée : production de volumes égaux d'azote et d'acide carbonique et formation d'ammoniaque;

2° Action de l'acide azoteux sur l'urée : production d'un équivalent d'ammoniaque et de volumes égaux d'azote et d'acide carbonique;

3° Action de l'acide sulfurique concentré sur l'urée : cette action n'est que partielle, et le dosage de l'urée, fondé sur cette action, par estimation de l'ammoniaque produite, ne donne pas de bons résultats;

4° Extraction de l'urée de l'urine par traitement successif avec acétate de plomb, acide sulfhydrique et acide azotique;

5° Procédé de dosage de l'urée : modification au procédé de Millon;

6° Action de l'acide azoteux sur l'acide urique, la créatine, la créatinine, etc. : dans les conditions où s'opère le dosage par ce procédé, l'urée seule est décomposée; les autres substances ne sont pas attaquées.

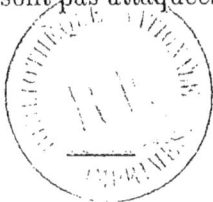

TABLE DES MATIÈRES.

Paris. A. PARENT, imprimeur de la Faculté de Médecine, rue Mr-le-Prince, 31.

www.ingramcontent.com/pod-product-compliance
Lightning Source LLC
Chambersburg PA
CBHW050121210326
41519CB00015BA/4060